SMART STORAGE

这么收，纳么美

SMART STORAGE

这么收，纳么美

辜井

著

江苏凤凰文艺出版社
JIANGSU PHOENIX LITERATURE AND
ART PUBLISHING, LTD

小的改变，大的欢乐

李国平

西南交通大学附属医院　教授、博导
成都市呼吸健康研究所　主任

辜井老师邀请我为她这本《这么收，纳么美》作序，我欣然接受，因为现代家庭居家健康与我们生活质量紧密相连。辜井老师在书里提供了许多切实可行的居家清理和整理建议，包括如何用有趣的方法避免自己购买不需要的东西；通过化杂乱为整齐的处理杂物的方法，创建一个家庭收纳整理逻辑以及养成个人收纳的习惯等。对于如何提升生活水平，改善生活质量，辜井老师有着许多独特的见解。

呼吸道与外界相通，受各种病原体侵袭的机会较多，因而与周围的环境息息相关。不论是为了生活水平的提升，还是生活质量的改善，呼吸健康都是关键点。

作为一名呼吸科医生，也作为家庭的一分子，在解决病人病痛的同时，我也很注重家人的健康。良好的居家环境、清新的空气可谓是保证健康的第一要素。人在一生中有很长一段时间在家里和室内度过，与自然"和谐共生"已成为现代家居的追求。近些年来，老人和小孩的呼吸系统疾病发病率越来越高，除了本身身体免疫力原因之外，与居家环境也有很大关系，比如小孩子的身体各项机能发育不全，很容易受到各种细菌病毒的侵袭，如果居家环境脏乱，就相当于为这些细菌病毒提供了一个舒适的温床，更容易导致宝宝呼吸道感染，出现发热、咳嗽、流鼻涕等各种问题。

呵护健康是一个细致细心的活，居家健康不仅是理性地决定把东西留下还是丢掉，让阳光照进房间，让家庭的每一个角落都容易清理，更是对品质生活的追求。好的生活环境、高品质的生活方式，离不开居家健康。从每一处生活的细节开始，善待环境和自己，相信每一点小的改变终将汇集成改变世界的力量。

收纳不是单纯的整理行为，而是为家人带来安全、温暖和快乐的开始。家需要收纳，我们的公共场所、我们的城市同样也需要收纳。美化环境、健康居家、和睦相处，一个充满幸福感的社会终将水到渠成。

前言

大家有过这样的经历吗？

早上出门时：

袜子只能找到一只；

钱包不见了；

钥匙不知道放哪里了；

下楼之后才发现两只袜子的颜色不一样……

下班回到家：

拖鞋散落在屋中央；

沙发上堆着穿了一天却又抽不出空洗的衣服；

餐桌上摆着剩菜剩饭；

房间里，枕头、腰垫、睡衣摆出各种凌乱造型……

打开衣柜：

一堆五颜六色的衣服迎面扑来；

好不容易找到要穿的那件，拉出来却是皱巴巴的；

鞋子拿出来不是变形就是脏了……

厨房里，油盐酱米罐放得乱七八糟；

洗手间散发出异味，洗漱台面总是擦不干……

五年前，我也被这样的生活困扰着，每天手忙脚乱地应付工作与生活，恨不得自己生出三头六臂，一天能有 30 个小时。

上班时总有很多工作要处理，下班到家累得实在不想再动了。先生经常会抱怨：能不能把家收拾一下？听到这话，我不高兴了："我也很累啊，为什么是我收拾呢？你也可以整理啊，要不，我们请别人来整理吧。"

这大概是最常见的一种逃避整理的办法。当我们为收拾整理的事情大动肝火，家庭矛盾也会逐步升级。

直到我生完孩子，月嫂无意中的一个行为使我凌乱的生活产生了变化。

月嫂进门后，按顺序做了这些事：

把婴儿房间的家具里里外外抹了一遍；

把一沓尿不湿分成两列，整齐地摆放在婴儿床的床尾；

将口水巾叠成豆腐块，分别放在床头柜的抽屉里；

把婴儿护理产品装进一个小篮子，放到婴儿床下的隔层里；

将婴儿衣服按照"每天必换""毛衣""出门服"，分门别类地叠好，放进衣柜；

将小物件如袜子、帽子、洗澡巾、洗头巾，分类放在婴儿床边的简易格子收纳袋里。

那一个多月的时间里，我发现月嫂总是能得心应手地处理好孩子的各种情况，不仅效率高，而且质量好。月嫂离开前两天，我说出了我的困惑，并问她有什么秘诀。她笑着说："哪有什么秘诀，我只是把所需物品分门别类地摆在要用的地方，取拿方便，心里不急。"月嫂走后，按照她的流程，我很快就能应付自如。

我突发奇想：除了孩子的物品，家里的其他物品也能按照"分门别类"和"顺手"的原则进行整理吗？说动就动，我花了三天时间，把客厅、卧室、厨房、卫生间进行了当时认为还比较彻底的整理。整理后，家里一下子空旷清爽起来，空气里似乎都散发着清新和甜蜜。

有了第一次的"甜蜜"，接下来就一发而不可收，只要有时间，我就会在家里"倒腾"，经常想着如何让物品的摆放位置更加合适，如何让家人取放物品更舒心，如何提高空间利用率，如何让家更温暖、更有情趣，如何延长物品的"寿命"，如何调动家人与我一起整理等。

如今，我家不会再因为谁整理收拾而发生不愉快，我先生的变化也很大，他开始喜欢在家里宴请朋友，很享受朋友看到我家的干净整洁时的羡慕之情。

我是一个乐于分享的人，家庭和乐气氛与日俱增，让我体会到整理带来的美好，我开始主动帮朋友、邻居、同事进行整理。他们说，整理后，他们一个月的心情都是美美的。后来有越来越多的朋友、朋友的朋友以及慕名而来的家庭女主人，社区、服装门店、家政服务等机构人员找到我，希望我给予指导和帮助。

我认为，整理收纳不是惊天动地的大事，但通过整理，让小家庭的生活每天都过得舒心，就是我的人生乐趣。现在，先生每天出门不再问："我的那条蓝色印花领带呢？那双棕色皮鞋呢？"小朋友不再因为上学找不到书包、铅笔盒来哭诉；家里的老人也不再因为东西放得太高取不到而烦恼……

　　整理不是丢弃物品，而是找到生活的温暖，我想让更多的人和家庭感受到整理收纳带来的愉悦。

　　于是，我把这些快乐写在了这本书里。

PART

1

万
物
丛
生

乱是生活习惯的缩影，比如，放东西随心所欲、爱囤积
东西……

房间乱，是心乱的映射，是内心烦躁的真实写照。

1

家的主角,是"物品"还是"自己"?

收纳很简单，就是分分类，放放好。

我走访和服务过很多家庭，家里"乱"的原因一般都是物品太多了，空间被塞得满满的！除了必需的家具外，角落、家具间的夹缝、床底、柜上都被各种各样的生活用品占据着，没有一处"清净"的地方。可是他们却很乐意侧着身体、猫着背在这样的空间穿行，丝毫不觉得这些物品"占领"了自己的家并成了家的主角。

　　有人说，收纳是心理学、哲学、艺术的结合，确实，收纳是对空间美学和整理哲学的有效融合，但仔细想想，收纳其实就是时刻存在于我们身上的一个习惯。它没有想象中那么复杂和困难，它很简单，就是分分类、放放好。

　　好的收纳并不是简单地把东西整理收藏起来。那些还没有撕掉标签的衣服、还未开封却已经过期的食物，就是因为"收藏得太好"，所以我们根本看不见，也想不起来用，以至于家里堆积了太多物品还是不停买买买。

2 "可以用"和"用得上",
是两回事!

"可以用"却"用不到"没有意义,我们在丢弃物品时,应当以自
己用不用得上为标准来衡量。

家里乱，还因为你舍不得。

当你想狠心扔掉旧衣服时，耳边总会响起老人的"建议"——"炒菜可以穿""打扫卫生可以穿""运动可以穿"……但结果往往是你永远不会穿；

很多时候，亲戚朋友的热情会让你把不适合他们、但看似适合你的物品拿回家，"这个大品牌""上万的""去年流行款"……在这些"不正经"的诱惑下，你的家里又多了很多不必要的物品；

当有些衣服不再合身，你会想："这件衣服小了，不要紧，我先留着，万一瘦了呢？"我可以肯定地说：当你瘦下来，你只会想着买更好看的来奖励自己，这些衣服终究逃不过压箱底的命运。

"可以用"和"用得上"，是两回事。

我们的家中，往往充斥着很多"可以用"的物品。

"可以用"却"用不到"没有意义，我们在丢弃物品时，应当以自己用不用得上为标准来衡量。"可以用的东西"和"自己会用的东西"是截然不同的，你的房间里是不是正放着已经用不到，只是因为还可以用就被保留下来的物品呢？例如服饰店给你的搭配宣传册、化妆品的试用品、几乎没用过的调味品、酒店给的一次性牙刷等。然而许多人却常常在不知不觉中说出"下次还能用啊""试用品也能用啊"，这些"可以用"实际都是"用不到"的东西。

从以物品为主，改为聚焦自己。

屋里的东西塞得太满，不能说明我们的生活多富足，反而折射出我们内心的不安全感。堆物太多不利家庭健康，也不利清洁卫生，你会发现，眼睛和手所及之处尽是灰尘，根本谈不上生活品质。

那么，请回归到家的真正意义上来。

PART

2

井然有序

开始收纳，人生就会变得愉快——新的生活即将展开！

1 收纳的思路

收纳思路不对，你会觉得总是在整理……

"选择"永远比"放进去"更重要

经常听朋友说:"我家每次整理之后,不到一个星期又恢复原样了,有没有一种一劳永逸的方法,让我摆脱这样的状况?"相信很多人都有这样的烦恼。用心收拾的家没几天又乱了,于是失去了整理的动力。

SKILL

整理,一般而言是指分类,规整,包装,归位。
分类——物品分类,如上衣是上衣、裤子归裤子。
规整——选出喜欢、适合、需要的物品,挑出那些不喜欢、不适合、不可修复或有明显污渍的物品。
包装——将规整好的物品放入合适的收纳工具。
归位——给每一个物品找一个位置,用完之后放回原来的位置上。

静下心来仔细思考,我们所谓的"整理",会不会只是把物品塞进某个空间或某个器物里?如果是,无论整理多少次,家里依然是杂乱的,因为我们没有用系统和科学的方法从本质上解决整理收纳的问题。那么,怎样才能维持家的整洁?记住,"选择"永远比"放进去"更重要,东西减少,"麻烦事"也就不复存在了。

所有的事情都从"舍"开始

不会收拾房间，不代表为人处世糟糕，或没有整理东西的能力，只是因为物品的数量超过了可以管理的程度。只要对物品做出取舍，将物品减少到可以管理的量，相信谁都可以收拾得井井有条。

因此，整理收纳的核心是"对物品的取舍"。

允许顺手的事情发生

犯懒是人的天性，我们习惯回到家中随手放钥匙、放包包、放大衣，以至于出门时会因为找不到而乱成一团，可见，随手不等于顺手。

基于这一点，我们可以在玄关设计临时的挂衣区和小物件的收纳筐；设计雨伞挂放的区域，遇到雨雪天气时好拿好放。

为什么类似这样的设计会让大家接受？因为这是最短的行动路线，是让人能快速放松的方法。

贵重物品和临时物品都需要空间

家里有两个空间是需要固定的，一个是贵重物品的空间，一个是临时放置物品的空间。

房产证、身份证明、重要证书、保险单等贵重物品，需要放置在保险柜或有锁的抽屉里。

家里还应该设计一个临时放置物品的空间，一些暂时不好归置的物品都可以放在这儿。这个空间除了帮助保持家的整洁，还提醒你有一堆东西是需要去处理的。有一点需要注意：玄关并不是临时放置物品的好空间，而不影响家人行动和家庭整体美观，又可以提醒你的地方更适合，如阳台、杂物室的门口。

分类不厌细

任何物品的分类都不厌细，我们可根据它们的性质（同种、同类、同型）和使用频率进行分类收纳，物品分类越细，寻找起来就越方便快捷，出错率也会更低。

把顺手的空间留给男性

男性一般都不喜欢翻东西，也不喜欢弯腰拿或趴着找东西。他们喜欢一打开衣柜就是自己的衣服，一打开抽屉就是自己的内衣裤，一拉开盒子就是自己的钱包钥匙。所以，在家里进行空间规划时，要把顺手的空间留给男性。

一般情况下，男主人的衣服适合放在门口衣柜的第一扇门内，鞋子放在鞋柜的第一层，不仅取拿方便，也可以让他快速放回去。

收纳有逻辑

每个家庭都有自己的收纳逻辑，或是符合家庭其他成员的认知和习惯，或是易于被理解接受。根据物品的形状、使用场景、使用频率、使用习惯以及空间，规划出物品安放的位置，就是收纳的逻辑。

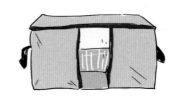

比如可以在家里建立一个规则：非当季的衣物放入储物箱，给当季的衣物腾出衣柜的空间。

科学收纳，让家变成"能量气场"

　　合理利用各个空间是科学收纳的基础，"赏心悦目"是科学收纳的另一基础。

　　留白是最高级的科学收纳。每个空间保留 20% 的位置，让取拿变得顺利，让物品有透气的空间，也为新购物品做好准备。

　　一般情况下，即便不常用的空间也尽量不要放太多东西，小空间更是不能被塞得满满的，不然你就等着这些物品在里面"孤独终老"吧。

　　辅助工具能让收纳变得科学方便。相对深处的箱子可以加装滚轮或用拉篮，对高处不方便找物品的层架做一些有趣的标识，比如打上二维码，手机轻轻一扫就知道箱子里是什么物品了。

　　小心思可以让收纳更具有机能性，变得更科学有趣。

　　收纳的重点是，一眼就知道物品摆在什么地方。因此，不擅长整理的人可以使用透明的收纳容器，如此也可以避免因忘记东西而重复购买的问题。

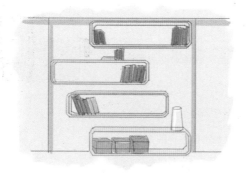

收纳不用规规矩矩

帮一个家庭进行物品整理收纳后，过了两天我问她："整理后你们能找到东西吗？方便吗？"女主人小心翼翼地回答："不方便呢。"我一下子紧张起来，忙问是哪里不方便，她吐吐舌头，尴尬地告诉我："你整理之后我们全家都觉得好美，但我们都不敢去动它，因为我们担心一去碰和用就破坏了美感，我也很担心我放不了那么美，所以就'供'着它们。"听完这个解释，我觉得太可爱了，其实在家庭收纳中，不是把每个东西都放得像展览品一样就是好，摆东西不用强调钉是钉，铆是铆，我们要做的是找到让它保持不乱的方法。

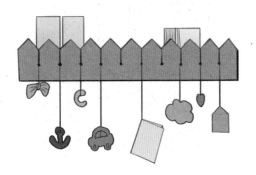

分门别类来收纳

当我们面对一大堆需要整理收纳的物品时，分门别类是第一步。比如像下面这样：

出生证明、医保保险单、护照、个人证明材料——归入家庭档案箱；

针线盒和一些辅助纽扣——放在一个固定的针线盒里，放进次常用抽屉；

快递袋、快递盒——放入玄关的抽屉，顺便配上一把剪刀；

名片、宣传卡片——转成电子名片后可粉碎处理；

空盒——根据用途选择留下或丢弃，若留下，可暂时放在阳台，若不用则马上丢弃；

面膜——可以集中收在洗手间或你洗完澡喜欢待的空间的抽屉或收纳盒子里。

2 收纳的法则

虽然我们意识到收纳的重要性，也有很强的整理房间的意念，但有时候还是会无法掌握简单有效的整理办法。

在收纳的过程中，可以对物品按属性分类，它的优点是：条理清晰，层次分明，一目了然，能清楚地说明对象的特点。

"四分五列法"可以让我们清楚实现分类整理的第一步，帮助我们对家里的物品进行盘点和精简，并且有选择地纳入重要物品。

分类别：衣服鞋帽类、书籍杂志类、洗护化妆品类、烹饪烘焙类、装饰纪念品类、电子设备类、贵重物品类。

分季节：整理收纳时，先整理当季的物品，存放季节差异大的物品，如夏季存放羽绒服等。

分使用场景：厨、卫、客、书、寝、储。

分使用频率：根据各自家庭的使用情况，将使用频率高的物品放在眼前。

列种类："四分"的"分类别"中有七个大类，每个大类又有不同的种类，如衣服鞋帽类可以分为：上装、下装、外套、裙装、内衣、袜子、配饰、季节性衣服等，列种类的好处在于便于识别、取用方便。

列空间：一般一个家庭会有八个储物空间，即：进门玄关的玄关柜、鞋柜；客厅的电视柜；餐厅的餐边柜；厨房的橱柜；阳台的吊柜；书房的书柜；卧室的衣柜；卫生间的浴室柜。罗列自己家里可利用的空间，不仅可以增强收纳能力，还可做到美观方便。

列数量：列出同类物品的数量，可以清楚地知道自己的需要。同时，也是清除不用物品的好办法。

列放置顺序：把握物品和器物的分寸，根据收纳空间和物品种类来决定放置的顺序，会让我们在使用时更方便有序。

列要求：记录目前家庭中存在的整理收纳困惑、难点、需要改进的地方等，并和家人沟通自己期望达到的效果，提出解决方案。

存放物品时,我会用"七上八下"的方法来帮助大家识别和挑选放置的空间。

七上
不常用: 换季物品、闲置物品、消耗慢的物品、收藏类物品、纪念性物品、杂物、不喜欢的物品

八下
偶尔用: 消耗类物品、赠送类物品、考虑丢弃的物品、偶尔用的物品、近期用的物品、修缮类用品、工具类用品、敷料类用品

附:

频次	相关物品	特点
频用物品	在日常生活中频繁使用的物品,如锅碗瓢盆、冰箱等	存放时间短,储放时做到方便快捷
常用物品	在日常生活中经常使用的物品,常指每周都有机会使用的物品,如淋浴用品、洗衣机、清洁用具	兼顾存放和取用的方便性
偶尔用的物品	日常生活中偶尔使用的物品,如火锅用具、料理器、各种修理工具	方便为主,适当考虑取用时间
不用的物品	在日常生活中极少使用,如淘汰物品、过剩物品或者备用物品	尽量不占用储物空间,选择丢弃

3 空间规划

收纳是为空间服务的。收纳可以使家庭空间更加整洁，甚至可以体现家居环境的个性化和美感。

居住以人为本，收纳也是以人为本。

为什么要进行空间规划？

家庭室内空间一般会分成两类：一类是公共空间，指家人共同生活、共同使用的空间；一类叫私密空间，指个人单独使用的空间。

公共空间在收纳时需要考虑大家共同的需求，照顾到家中每一个人的感受。

私密空间在收纳时则侧重考虑私密性、个性等方面的需求。

一般家庭都会设有以下几大区域：

一是公共区域，供起居、会客使用，如客厅、餐厅、门厅等；

二是私密休息区，供睡眠、休息用，如卧室、书房、客房等；

三是公共使用区，为公共区和私密区提供辅助、支持，如厨房、卫生间、储藏室、健身房、阳台等。

卧室收纳

卧室根据功能分成四个区：睡眠区、梳妆区、阅读区和储物区，也可以简化为休息区和储物区。不同的分区有不同的收纳技巧。

睡眠区

　　睡眠区是卧室的中心区，主要家具是床，因此，床的布置是首要的，其次才是卧室中需要的其他家具。床本身和四周的空间是可以被充分挖掘和利用的好地方，有助于实现卧室收纳空间的扩展。

　　床头柜作为一个储物的空间，可放发卡、眼镜、饰品、临时书籍；一些家庭会选择增加一个床头板，目的是增加收纳空间，方便放置书籍、家庭照片、小饰品等，但建议别放较硬或易碎的物件，以柔软物品为主；现在很多床会配一张床尾凳，除了提高整体美感，还有储物的功能，袜子、内衣、围巾、饰品、小包等小配件都可以放入床尾凳。

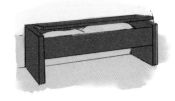

梳妆区

　　梳妆台有一些有收纳抽屉，有一些只有桌面。若有抽屉，可以把化妆品和物件摆放在收纳抽屉中，令梳妆台整体看起来比较整洁；若没有抽屉，只有一面梳妆镜和一个梳妆台面，可以把小物件分类集中摆放在一起或购置一些收纳器物进行放置。不要散放，若觉得收纳器物很占空间，可以选择一个布袋子进行收纳。梳妆台面若要摆放所有的化妆用品，最好按照彩妆与护肤品的分类，用托盘、盒子或袋子划分出各自的空间。

阅读区

　　如果您喜欢雅致清净，可以在卧室中设立一个区域作为阅读区。在午后的阳光下，在夜晚的灯光里，一张椅子、一本书、进门与你说会儿话的爱人，会是一幅很美的画面。

　　在卧室里设立阅读区对空间的要求比较高，因为要在有限的空间里摆放椅子和书籍。可以用飘窗作为阅读用的一角，或者可以利用墙面空间作为储书的地方，还有一些人会把衣柜的下层用作书柜，但不管用什么方法，前提都是整体和谐、美观方便。

储物区

　　卧室的储物区主要是衣柜，不同的衣柜被赋予的收纳功能不一样。家里的衣柜一般会有立柜、五斗柜、衣帽间。立式衣柜的种类从使用上划分，有移门衣柜、平开门衣柜、转角门衣柜和折叠门衣柜；从结构上划分，有板式结构衣柜、框架结构衣柜等。

移门衣柜：适合悬挂衣服；

平开门衣柜：适合折叠、卷、悬挂衣服；

转角门衣柜：适合悬挂衣服；

折叠门衣柜：适合折叠、卷衣服。

我们可以把衣柜分为三个区域：上区、中区、下区：

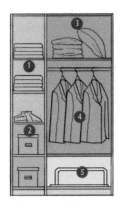 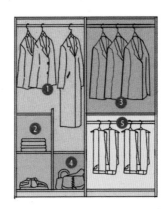

❶ 常用衣物叠放区	❶ 常用长衣/短衣综合挂置区
❷ 闲置物品收纳盒储存区	❷ 常用衣物叠放区
❸ 闲置被褥/靠枕收纳区	❸ 常用短衣挂置区
❹ 常用衣物挂置区	❹ 衣物附件收纳区
❺ 旅行箱等放置区	❺ 裤/裙挂置区

　　需要踮脚、仰头、举手或借助外力才能够到的区域设定为上区，这一区域存取物品比较困难，使用频率低，我们的视线不容易看见，一般存放较轻或不常用的物品，如换季、闲置或棉被等物品。上区物品建议用收纳器物统一分类管理，方便下次取用。

　　可以平视、直立时伸手可及的区域设定为中区，这一区域存取物品最方便，使用频率最高，人的视线最容易看到，一般存放常用的物品，例如当季衣物、内衣、包和帽子等。

　　需要下蹲、低头、弯腰的区域设定为下区，这一区域一般存放笨重或次常用的物品，例如行李箱、杂物箱、床单被套，使用频率为一周一次或二周一次等。

客厅收纳

　　客厅是主人的门面，是很重要的"入风口"。如果你想家里整洁，那么视线所及之处就不能有杂物，只有不可移动的大物件。

　　很多家庭对客厅的收纳有种误区，认为只要是常用的物品，都可以往客厅里放，美其名曰"取拿方便"。其实，客厅的收纳功能是有限的，赋予它的收纳空间也是有限的。客厅一般有几个功能：观影、谈聚和艺术品展示。因此，恢复客厅的原本模样，就是把与此不相关的物品清理出去。

　　客厅的设备从功能上可分为三类：

　　一类是不可移动的设备，如沙发、电视机、柜子、家用投影仪等；

　　一类是可移动的设备，如落地台灯、跑步机、按摩椅、平板电脑、空气净化器等；

　　还有一类是消耗物品，如食品、纸巾等。

　　客厅是公共区域，因此，个人的私用物品、隐私物品最好别在客厅储放，即便是使用了收纳器物。

　　同理，居家的其他公共区域尽量不要有私密的物品，比如首饰、内衣物、洗护用品、隐私护理用品等。

影音区

影音区是以电视为中心的区域，沙发、茶几、椅子等都转向它的方位，形成一个半（全）包围的空间。此区域主要以电视柜、壁柜、展示柜为收纳空间，辅以墙面收纳，讲究美观的同时，能将所有杂物收纳妥当，不仅使生活更加方便，也能使客厅展示独到品味和生活格调。

收纳时注意两点：一是收，一是露。

收起来的是生活的杂物，如零配件、说明书、工具包、消耗品。

露的是想要展示的艺术品，空间不要混淆。

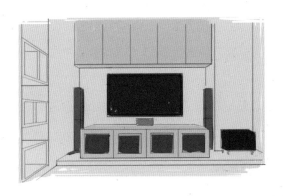

休闲区

休闲区中少不了书籍杂志、遥控器、扑克牌、零食、杂物等一些小物品，一般都是随意摆放在台面，使台面显得拥挤又凌乱，甚至影响整个客厅空间的整洁感，若将其分类有序地收纳在不同的抽屉和收纳盒里，就能一下子变得整洁。比如，现代家庭对 CD 的需求越来越小，但家里还有不少存余，又舍不得丢弃，因此最简单的方式就是选一个自己喜欢的收纳盒、食品盒或鞋盒，按照歌手名字、音乐类型、年代进行分类，最后在收纳盒外贴上标签，把这些CD 装好放在不显眼的位置，需要时取用即可。

客厅里存在率比较高的物品还有沙发被、随时脱下来的衣服或家居服，这些物品不仅大，还占空间。沙发被收纳的技巧很简单，折叠后放在沙发扶手下的空间即可；而随时脱下的衣服，最好是放回卧室或专门的收纳区域。如果没有独立的收纳区域，可以买一个收纳筐放在沙发的角落，把这些衣物被褥放进收纳筐。

艺术品展示区

客厅艺术品一般会有两种，一种是大件，一种是小摆件。在收纳摆放上，大件一般摆放在客厅的角落，如落地台灯、大盆花卉和一些案几角柜。小摆件一般都置于台面或桌面，如纪念品、小盆花、玩偶、古董等。

厨房收纳

厨房是我们使用频率比较高的地方，宽敞、整洁的厨房不仅会让我们产生烹饪的乐趣，而且正逐渐成为家庭生活、情感沟通乃至朋友聚会的重要场所。

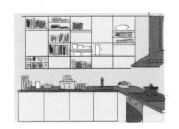

来到科技改变生活的今天，厨房的格局在改变，厨房的体验感越来越好，同时，厨房的

功能也悄无声息地发生了变化，可以说现代的厨房已向轻烹饪、重收纳的形态转变。一个普通家庭，料理类机器不会低于四个，还不包括各种功能的锅和辅助工具。厨房除了保留最基本的储藏、洗涤、烹饪等功能外，收纳空间如何扩展也是厨房收纳的新课题。

厨房的收纳，我主张以封闭式收纳为主要原则。第一是从卫生角度考虑，第二是从美观的角度，更多地是为了整齐。

对于使用频率比较高的物品，如每餐用的调味品、电饭锅、炒锅、电磁炉等，建议存放在开放的空间。如果想要台面操作空间宽敞，可以增加一些稳固的置物架来放置此类用具。

厨房物品最好根据使用人的身材进行收纳。这里的身材是对身高、体型、身体健康情况综合的考量。

举个例子，如果一个五口之家，厨房主要是外婆在使用和打理，可参照外婆的身高、体型和取用习惯进行空间设计。如果外婆身高是160厘米，她能轻松拿取物品的高度即为160厘米，但她不方便下蹲，那么在收纳时，就要把常用物品放在她腰部以上、头部以下的空间，腰以下的空间放置偶尔用的物品或有把手的物品。

厨房操作台面上尽量不要放置闲杂物品。台面无杂物，意思是操作台面上不要放置太多用不着或多余的物品，如大量的洗涤剂、洗涤布、钢丝球、重复的调味品、各种不用的料理机器等。换言之，台面放的东西越多，说明橱柜内的物品越无秩序。台面上只留下常用的烹饪调味品，是比较理想的收纳状态。

储物柜不宜储备太满，九分满最好。这样做的好处一是保证取物时的安全，二是预留空间来收纳新近购买的物品。厨房是一个特殊的空间，易碎、零散的东西多，物品消耗快。我们经常会一不留神就磕破了碗，摔破杯子也是常事，还会经常发现一堆保鲜袋、保鲜膜、抹布、台布没有地方放。出现这些"碎碎平安""凌乱不堪"的情况，其实反映出我们在收纳物品时设计和放置的不合理，如果有足够、合理的空间摆放物品，物品破损的概率是很小的，建议厨房物品入柜收纳时以九分满为宜，物品的间隔以一个手指的宽度为安全宽度。

这里还要强调的是，冰箱的收纳更应该遵循九分满原则。冰箱里东西塞得太满，冷气无法流通，东西反而容易坏掉。

一份好的收纳计划很重要

第一步：按使用形态分类

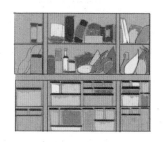

厨房用品基本包括四种形态：正在用的、不想用的、暂时不用的、未开封的。把正在用的放在随手可及的地方，比如用了一半的食用油、开了封的辣椒粉，还有炒菜的三大必需品：盐、糖、味精；替未开封的单独开辟一个空间；对暂时不用的物品集中收纳，放置在高处或橱柜转角处；而不想用的物品建议丢弃。

第二步：按包装大小来摆放

有些调味品除了本身的收纳容器外，也需要根据包装的实际大小，存放在橱柜里、台面上或储物柜里。比如狭长的拉篮适合存放长颈的色拉酱、番茄沙司等；柜子里可以存放扁圆形的豆瓣酱桶、泡菜罐、蜂蜜；意大利面、面包粉等袋装物，如果不想倒进罐子里，可以整袋放在下柜里；那些为了尝鲜买的试吃调味料、快餐配送调料包体积都不大，可以用密封袋或盒子统一收纳，放到次常用的柜子即可。

第三步：形成固定的收纳空间

我们大多有这样的经历：如果不经常进厨房，偶尔心血来潮去展示厨艺，会感觉到各种不顺——调味品不知道在哪里，碗盘不知道在哪里。很多时候要花时间一一闻或辨认才能确定，或者因为不记得而导致调味品被重复打开，造成浪费。

如果我们能形成一个固定的收纳空间，哪怕不经常使用厨房，临时做饭也不会在找东西上耗费大量时间。

干货可以装在不同的收纳罐里，放在远离水的抽屉或柜子里，在罐身或瓶盖上贴好写有物品名称的标签，方便取拿。规划好物品的位置，也是厨房收纳计划中很重要的环节。

不同类型厨房的收纳要点

家用厨房一般包括一字形、L形、U形、岛形、过道形及其他类型。厨房工作是按照储、洗、切、配、烹这条行动路线进行的，即食品储备区、厨具存放区、清洗区、准备区和烹饪区。

一字形厨房的特点是一面墙呈一字形排开，面积最省，适合较窄的空间，但横向空间宽敞，虽然柜体较少但无转角，柜子利用率高。一字形厨房的储物空间有限，建议在收纳时尽量把大件物品如锅盆类用具放在水槽下方的空间。

一字形空间体积小，操作台面局促，因此东西不能多，东西一多就容易乱和无序。因为储物空间有限，建议厨房只放常用的物品，将不常用的物品分流收纳，用完之后再添加。

L形厨房适合矩形空间，一般会将炉灶和冰箱布置在L的长边，洗涤槽布置在L的短边，但因L形的长边不会过长，冰箱、橱柜、灶具、案台又占去大部分空间，因此台面可利用的空间不是特别大，对转角的利用就显得很重要。但这个部分经常会利用得不够充分，我们可以选择一些现代化的器物如拉篮或圆弧托盘放置碗碟、调味品；也可以将其做成转角样式，用于存放烘焙工具、酒瓶、次常用物品；还可以设计成双层抽屉，放置调味品、锅、干货等。

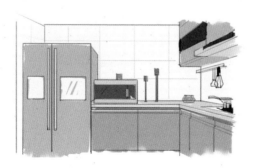

方形空间的厨房用 U 形设计比较理想，它是 L 形厨房的延伸，收纳空间很充足。通常将清洗区设置在 U 字形的底部，储存区和烹饪区分别布置在 U 字形的两边。U 形厨房的优点是取物很方便，有足够的宽度并最大限度地利用了储物空间，难点是下柜转角处的利用，一般情况下会在转角处用收纳篮或一些半圆弧的托盘进行物品收纳，将不常用的锅、盆以及泡菜坛、酱坛放入其中。但如果拉篮是木制的，不建议放锅具，因为锅具的油腻和潮湿很容易让木制拉篮变质。也有一些家庭把小型电冰箱、洗碗机、烤箱，甚至洗衣机以嵌入的方式安置在转角的橱柜内。

半岛式厨房与 L 形厨房很相似，但因为有一条边不贴墙，所以称作"半岛"。"半岛"常常用作烹饪区，而且半岛会将厨房与餐厅或其他活动区域隔开，形成半开放式隔断。

　　半岛式厨房有更多的操作台面和储物空间，便于多人同时在厨房工作。除了美观气派外，更多的功能是增加了收纳空间。"岛"的四面柜子可以容纳很多厨房用品，比如碗碟刀叉类。还有一些家庭在这里安装水槽或烤箱、炉灶，或装修成西式厨房，或打造成三五好友小酌的小空间。

过道形适合两端都开放的厨房。这种厨房常常是利用过道搭置出来的，其储藏能力很强。我们一般会在两边的墙壁上定制上柜，用于物品的储藏，如干货、轻电器和餐具用品等，但因活动空间狭小，在进行收纳时应注意将常用物品放在水槽上方和燃气灶下方的抽屉里，还要考虑物品取放的安全性。

厨房整理小技巧

水槽下方的空间大多数时候都被浪费了，可利用支架放置锅具类、坛子和厨房洗刷用品。

利用转角门的空间，将各种锅盖悬挂其上，方便拿取。

对物品进行分类并放在有隔断的抽屉或抽屉盒里。常用物品摆在易拿取的位置。

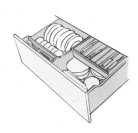

在墙壁上钉上挂钩，将刀具和铲子等按照长短顺序悬挂起来，既方便又美观。

将刀具等利器用专门的刀架进行收纳，如没有专门的刀架，一个稳固性好的盒子也能起到收纳效果。家里若有小孩子，刀具盒子最好安装在橱柜门的内侧。小一点的刀具可以放在抽屉里的储物格中。

可以将沥水篮、洗菜盆重叠放置，按照由大到小的重叠方式。厨房最好配备一个置物架。

转角橱柜中可放置锅具和一些调味用品，使用时只需拉开门轻轻一转，就能拿到需要的锅具。

可以将碗碟、重量相对较轻的锅具放在上柜上。为了保证存取物品方便，又不易碰到头，上柜和操作台面以距离 50 厘米为宜，宽度以 30 厘米为宜。

在墙面上设置搁板，收纳各种不锈钢的小锅、碗、调料瓶。

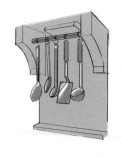

在墙面上安装横杆、挂钩，可放置可吊式物品和工具，如刀具、铲子和餐具等。

电饭锅、咖啡机、烤面包机、果蔬榨汁机等常用小家电，应放置于有电源插孔的操作台面上，或放在操作台下方橱柜中的大空间夹层中。

可在上柜选择一个方便伸手操作的高度，量身定做一个微波"箱"空间，或在上柜旁的墙壁上安装质地坚固的搁架，将微波炉放置其上。

将干货用密封器物收纳，放在冰箱内或干燥处（如木耳、紫菜、红枣等）；配料应放在透明的密封罐中（如干辣椒、花椒、枸杞、茴香、桂皮等），若密封罐体积大、数量多，可放置于离灶台较近的上柜最下层，以方便拿取；若密封罐体积小，则可放于灶台附近的壁挂搁架上。

为了识别，可在不同的罐子上贴标签以作区分。如家里没有足够的密封罐，建议使用密封袋和密封夹。

卫浴收纳

卫浴室的特点是空间狭窄，湿气较大，阳光照射时间短；但它又是一个特殊的空间，需要存放的东西种类杂、数量多。因此，卫浴室收纳器物的选择上，一般建议用不锈钢和塑料制品。除了马桶、浴缸、洗漱台、洗衣机外，卫浴室可用的空间实在是很有限。合理地分区和分类、有效地利用一些角落，可以形成收纳物品的固定场所。但不管空间如何得到最大化的合理利用，卫浴室都不是理想的储物空间。换句话说，因为潮湿、下水道等原因，卫浴室不是堆放物品的理想空间。

SKILL

关于卫浴室的收纳重点，我们可以分为四个步骤进行：
分区：划分空间。
分类：按照使用场景分类。
计数：统计目前拥有物品的数量。
藏露取舍：留下有用的，丢掉无用的，隐藏隐私的，露出常用的。

卫浴室分区

卫浴室分区主要是为了避免淋浴时水四处喷溅引起细菌滋生，同时也能减少经常清洁的烦恼。按功能分区成为独立的空间后，可在各区互不干扰的同时提高卫浴室的空间使用率。

根据使用特点，卫浴室可分为四个功能区，即洗漱区、马桶区、淋浴区、收纳区，这里我们主要说说淋浴和洗漱区。

除收纳区外，其他功能区都是不能移动的。

淋浴区

淋浴区的零碎物品特别多，比如洗发水、香皂、沐浴露、沐浴盐等，一般会有3～10支不等，又因淋浴区的用品种类多、体积大，在收纳时尽量做到用尽之后再打开新的，打开的数量越多，占空间就越多，显得很拥挤。如果一些洗护用品已经过了保质期还没有用完，可将这些物品收纳在同一地方留着清理污垢用，比如水槽旁。为了环保和有更多的使用空间，减少购买相同种类的物品，只保留1～2种必需和喜欢的放在常用的位置即可。

洗漱区

我们每天至少早晚两次都要在卫生间进行洗漱，洗漱区物品有牙刷、漱口杯、洗面奶等，收纳时应该遵循自己日常使用习惯。每天都要使用的物品要放在容易取到的地方，但这并不代表我们可以把所有生活用品都摆放在漱台上。台面太满，很容易因为赶时间而碰倒其他东西，收拾起来反而费事，另外，台面上也会残留很多水渍。台面上可以添加收纳小器物，扩大空间利用率。

浴室柜一般会安装在洗漱区的墙面上，是卫生间最为明显的收纳家具，一般会包括镜子、抽屉或空间较大的柜子，可以分类存放各种卫浴用品和洗护工具，需要注意的是，空间大不代表可以肆意摆放，合理地划分区域才是关键。一些吊挂式浴室柜下面的空间会摆放脏衣篓，用来放置需要清洗的衣物。

②

卫浴室收纳小技巧

　　利用淋浴房墙面转角安置各种收纳工具是常见的收纳方式，比如玻璃搁板、金属挂架或收纳篮等，把洗澡用品和洗头用品分类放置。建议搓澡类用具放最高层，洗澡用品放第二层，最下层放洗头用品。

淋浴区内的墙上拉一根不锈钢杆子也是收纳的好帮手，可以把滴水的衣物挂在上面。

在洗手台上方设计出一个台面，上面可放置收纳盒，把洗护物品尽收其中，保持台面的整洁。

卫浴室的镜柜也是可利用的收纳空间，可将化妆品、首饰、腰带等小件装饰物放在其中，方便搭配。

台盆下的小隔断可放洗脸盆、洗衣桶等。可以用不同颜色的洗衣桶进行区分，比如黄色是可以机洗的，绿色是只能手洗的。

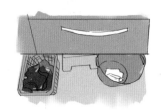

洗脸池旁边架子的第一层可以放化妆用品，第二层可以放一些常用的东西，第三、四层可以放浴巾、卫生纸、女性用品等。

洗衣机侧面收纳洗涤剂很方便实用。

坐便器水箱的上方空间，可将一些临时书籍、毛巾、束发用品归类于此。

门后空间等区域如有收纳器物，可将一些备用的洗护和美容类用品收纳于此，也可收纳毛巾或护理用品。

利用淋浴区的横向空间，可将临时衣物和毛巾置于其中，有些家庭会选用自粘式的挂架，使用时要考虑它的承重性。

其他细碎边角（管井夹缝位置、浴室柜与地面空隙位置、墙角角篮等）也是收纳的空间，可将毛巾、洗护用品、洁厕用品存放于此。

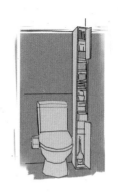

一些特殊用品如隐私清洁类物品可选择有盖的器物。

为了有更多的储物空间，用夹缝收纳篮、置物板都是不错的办法，此外，分门别类地放好才能清晰地找到。

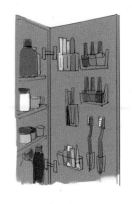

将肥皂、化妆品小样等体积比较小的物品，以及牙刷、牙膏、剃须刀等易散乱的物品都放在收纳篮筐或盒子里，如担心混淆，可在收纳盒中间做一个隔断。

如果卫浴室有空间可以摆放细长的抽屉柜，放置化妆品、毛巾、内衣等，非常实用。

台盆柜下面比较潮湿，可以避开水管，增加一些架子，摆放吹风机、美发用品、洗发水、沐浴液、洗涤液等存货和清洁用品。

卫浴收纳小原则

卫浴室收纳需要考虑便利性。卫浴室是一个特殊的环境,除了湿气重,还有污染物,应尽量减少交叉感染,所以物品的收纳位置最好在使用位置的旁边。比如,马桶旁边放卫生纸,备用卫生纸则放在伸手可及的抽屉里;如果习惯将如厕的读物放在左手边,那么可在左边位置设置一个放置临时用品的空间。卫浴室里常用的物品最容易乱,为了减少放乱常用物品的情况,在收纳时优先将这些物品放在最便捷的地方,比如洗面奶天天都会用到,那么放在洗脸池右手边是比较合适的,护肤品在靠近镜子的空间收纳摆放比较好,洗澡毛巾放在浴缸上方,方便出浴时拿取。

临时物品要养成随手拿走的习惯。 卫浴室有一些物品是临时放置的，如书报、手机、换洗睡衣等，因为不会长时间占用空间，所以在顺手的地方增加一些挂钩和隔板收纳即可，但记得要有随手拿走的习惯，如果越积越多，也会变成收纳死角。

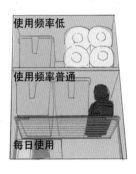

使用频率低

使用频率普通

每日使用

储物优先原则。 卫浴室都有储物柜，在储物时应依据物品的使用频率按由高到低的顺序储放，最高的空间放使用频度低的物品，次之放使用频度普通的物品，最后放每日使用的物品。

卫浴室要做到干湿分离。 建议不要在洗手台下的储物柜放吸水性强的物品，如卫生纸、毛巾、换洗睡衣等，如一定要收纳在卫浴室，最好放置在隔湿性较强的塑料箱中，并用盖子盖好。

边边角角：小空间，大作用

　　不管多大面积的家居空间，难免都会有一些不太好利用的边边角角，合理地利用这些地方是非常重要的。

　　外墙角、内墙角、凹墙角：由于房间户型各异，会留出各种不规则空间，像这样的狭窄凹形区域也不少，除了可以放置橱柜，打造成工作学习角也不错，而顶部嵌以搁架进行空间填补，也可以带来大容量的收纳空间。

　　楼梯下、阁楼下：这些地方常常是空间死角。根据楼梯的坡度，较矮的可作为展示柜、鞋柜，而最高的则用于收纳悬挂的衣物，也可以根据空间做成小小会客室。

　　沙发角：实用的收纳筐和边柜是不错的收纳帮手，不仅能容下不常用的物品，还可以起到美观的作用。

规则型墙角：墙角常常是会被忽略的地方，在墙角位置定制一个转角柜，在不影响原本活动空间的同时，又可以增添一个容量十分可观的收纳容器。

飘窗：飘窗通常位于较小的空间中，并且台面狭长。可以考虑在飘窗旁放置茶几、座椅，柜子里可放各种零碎的物品。

空间死角：除非是定制的衣柜，一般再高的衣柜都会与天花板有一定的距离，从而形成空间死角。这时不妨利用一些小的收纳工具，譬如储物盒等，将一些换季物品或暂时用不上的东西"束之高阁"，记得要有序且分门别类地摆放，以方便日后拿取和寻找。

下水管空间：许多橱柜并没有设置隔层，
如遇下水道排水管的阻挡，添入半个柜体大小
的可移动隔层，十分有用，可将清洁用品整理
入柜，整洁美观。

　　床底：床架底部区域的镂空设计给我们的
家居收纳带来了新的空间，将其改造成抽屉，
甚至找到一个大小合适的抽屉塞入其中便可，
既适合儿童房的玩具收纳也适用于主卧室的衣
物收纳。建议用密封式的抽屉收纳物品，但床
底易结灰，要经常清理。

4

再造空间

相信很多人都会有这样的感觉，就是自己家的房子住着住着变小了。解决此类问题的窍门，就在空间再造上。也就是通过分隔、再组合或移动，改善现在不完美的空间使用状况。

用最大的空间，带来"最大的效果"

　　每个人都想把家装修成自己心目中的样子，都希望最大限度地利用家庭空间，体现出空间的美。空间的美是空间、物品、人三者之间相互协调后呈现的美感，家具摆放合理、装饰物品的美观、物品摆放井然有序、想要什么东西都触手可及……这些都是空间美的体现。从收纳的层面来说，就是我们在保持原有装修收纳空间的基础上，向上延伸，往下争取，弹性运用，堆叠运用，死角活用。例如，向上延伸就是利用纵向空间和墙面空间进行收纳，增加搁板或壁柜等。

利用家具侧面空间

　　一般儿童房的空间有限，孩子又有大量的玩具、学习用品等，因此在这种情况下可以考虑利用家具本身的侧面空间，如利用挂钩在衣柜的侧面挂书包、衣服、读书卡、帽子、手提袋等。也可在衣柜内部利用挂钩挂衣服、领带、皮带等物品。

墙角设置伸缩杆

　　角落处空间较窄，通常都堆满储物盒，既不方便，也不美观。如果一面墙前方放置了一件不可移动的家具如书柜、衣柜，宽度上又不允许再放置另一件家具，可以考虑在家具侧面与墙壁之间安放伸缩杆。安装好的伸缩杆可以悬挂衣物、收纳袋，并根据需要调整高度、深度，打造成一个小小的衣帽间。也可以放置一些收纳筐，把临时物品收纳其中。

收纳盒和收纳架增加储物空间

　　收纳盒可以随时移动，大大节约空间，可以把衣物和一些零碎小物品收纳其中。若衣服太多，衣柜已经无法容纳，可以在卧室增加一个移动收纳架，把近一个星期要穿的衣服放在架子上，不仅可以作为隔断，也是提高效率的好方法。

利用隔断巧分区

　　家里的客厅有大有小，承载的功能各有不同，有正方形、长方形或异形空间。对一些不规则的异形空间，有必要利用隔断或家具进行调整。比如屏风隔断、具有强大收纳储物功能的玄关柜、鱼缸柜……既能在功能上将客厅空间完美分区，又起到了很好的装饰效果。还有一些家庭会设置一个"客厅衣帽间"，一般在客厅一角，用电视墙或其他隔墙隔开。

墙面空间巧利用

　　当地面空间有限时，试着利用墙面空间进行扩展。在沙发背后的墙面和电视背景墙两侧设计搁架、搁板，不仅可以起到很好的装饰作用，而且能收纳物件和装饰摆设，让原本空空的墙壁发挥出最大功效。

可移动置物架

    各种可移动的置物架不仅方便，而且灵活，可以"见缝插针"地放在任何空间，如在厨房里用推车放置碗碟，在洗手间用可移动的小车放置如厕物品。这些推车实质就是带轮子的小型收纳空间。如果只是平时放在角落里收纳杂物,推车可以高一些；如果以运送碗碟为主,宽大细长、搁板中间间隔小的就可以。

5 化零为整

化零为整的意思是把零散的部分集中为一个整体。化零为整可以是色彩的统一，可以是规则的统一，也可以是收纳工具的统一。

利用颜色标记、检索凌乱的物品

很多物品都可以通过色彩来加以区分，比如我会在洗衣间放三个收纳筐，一个橙色，一个绿色，一个红色。橙色的筐表示可以机洗的衣物，绿色的筐表示需要手洗的衣物，红色的筐表示会褪色的衣物。有了这样的区分，家人对衣服的洗涤要求就很明确，不用担心出现错误。

在收纳中，最头疼的应该是整理衣柜，因为存在不同风格、不同种类、不同颜色搭配、不同品牌，以及不同长短、不同季节等的衣服。如果想迅速找到需要的衣服，可以用不同颜色的衣架将衣服按照色系区分开，然后按照薄厚程度简单排列。最后，可以选择一些饰品作为点缀。

对贵重物品的收纳，也可以用色彩去辨识，比如利用搭配规则，将相关的物品整合到一起。

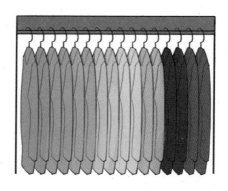

找到化零为整的规则

很多女主人抱怨说，我简直没有一点自己的时间，从早到晚都在家里收收收，前脚弄好后脚就乱，不管怎么整理，家里都是乱的，是我整理得还不够吗？

一定得找到化零为整的规则。比如，小户型的家庭常会用布帘对空间进行分隔，不妨再提高一下帘子的利用率，在帘子上随意缝几个口袋，用来放一些平日里常用的小东西，放满东西的帘子还具有很好的垂感，不会被风轻易吹开，一举两得，这就是用了化零为整的规则。翻阅厚厚的相簿总是很麻烦，有时为了找一张照片，要把所有的相簿翻个遍，不如把照片从相簿中拿出来，找一个同照片大小差不多的盒子，然后像整理档案一样把照片用标签纸分类标注，整齐地码放在一起，这样查找起来会更方便。

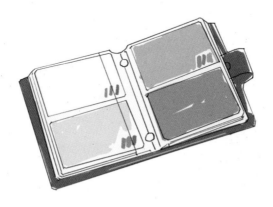

让收纳变得有趣的方法

若选择用抽屉放置衣服，卷起来的方式最理想，不管什么类型材质的衣服都卷起来放进去，取拿很方便。而且棉质的衣服，用卷起来的方式褶皱会更少。

厨房里，可以利用 S 钩把各种用具挂起来，将烹饪用的锅、铲、刀、勺等挂在上面，甚至还可以挂一些肉、菜，也可以用架子把杯子、调味品、料理机收纳其中，让厨房空间扩大的同时又别有一番情趣。

很多人喜欢收集玩偶，大的玩偶摆放要求低，但是，那些既小又多的玩偶如果收不好，就会显得家居凌乱不堪。大排的格子书架可以摆放类似小玩偶的零碎小摆件，既解决了收纳问题，又展示了家居美感。

对那些漂亮精致的购物袋，可以用双面胶固定在墙上，组合式的收纳让袋子和杂物都有了去处，美观的同时也很方便。

将五颜六色的小扣子按照颜色进行分类，然后分别放在透明的瓶子里，再把每一排的小瓶子用隔断隔开，你就不用为找不到合适的扣子担心了。

对紧凑空间，沙发后面往往会被忽略，利用搁板，会增加更多的收纳空间，也让压箱底的物品得以释放。可以根据自己喜好摆放上不同的物品，如书籍、相框等。也可以用收纳篮装入一些杂物，伸手可触，更加实用。沙发转角、扶手旁都可以使用组合收纳，如移动柜、收纳筐等。

不会画画没关系，一个色彩艳丽的画框搭配空白的油画布，也可以成为耳环架。

将不穿的牛仔裤裤兜做成充电器收纳包，不仅能让充电器有家可归，还非常美观。

闲置的储藏食物的玻璃瓶，也可以根据大小，存放丝带、橡皮筋等手工材料。

许多人会利用门口的空间，却不能充分发挥它的优势，有时只是利用它挂一两件衣服。其实可以用横杆和自制的储物袋把门制作成简易的收纳板，并将钥匙、卡片、毛巾、帽子等小东西分类收藏。

旧物改造

用牛奶瓶盖、饮料环自制牙刷收纳器。

不穿的袜子可以在出差的时候或换季的时候收纳鞋子,防霉防潮还省空间。

吸管收纳项链,防止项链打结,但因为吸管是塑料制品,易氧化,所以只能应急收纳,长期收纳的话,还是得选择专门的项链收纳工具。

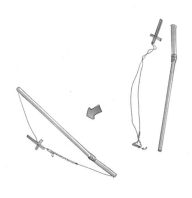

不用的鸡蛋盒可以用来放置耳环、耳钉、纽扣等。

用名片垫着夹裤子、裙子可防出现印痕。

用红酒塞收纳耳钉，不仅好找还防氧化。

帽子也可以变身展示工具。

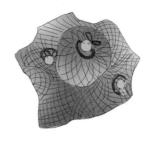

酒瓶可以用来当书立。

未来二三年不穿的衣服可以用毛巾

铺在肩膀上，防止落灰变色。

领带有褶皱,在没有熨斗的情况下,可以利用酒瓶身拉直。

破了的丝袜可以用来套易散的衣物。

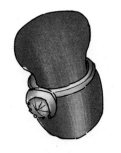

皮具附带的配件可以用来收纳戒指。

不用的丝袜装上餐巾纸放鞋柜中
可以除臭，也可以放一些过期茶叶包。

不穿的小棉袜可以套住小板凳的
脚，防滑哦。

PART

3

习
若
自
然

每个物品都有独有的形态、本身的形态、整理后的形态、
放入收纳空间后呈现的形态。

1 物品收纳管理的规律

家庭物品的收纳和摆放需要规律，这样的好处是不用大费口舌向家人交代什么物品在什么地方，也不会出现"我明明放在抽屉里，怎么就没有了呢""我原来一直放在这里啊"等情况。

物品都有存在的规律，找到它，可以帮助我们了解家庭物品收纳的规律。

一般家庭收纳的规律

及时精简

　　根据家庭物品使用频率，分成不用物品、少用物品、偶用物品、常用物品。清理不用物品，将少用物品和偶用物品封存并做好标识，腾出更多的空间存放常用物品。养成定期清理的习惯，一些开封后不想用的物品及时丢掉。

按照使用频率划分

　　将家里的必需品按照使用频率进行准确分类，分为每天用的、每周用的、每个月用的、每季度用的、每年用一次的。每天或每周用的物品，可以直接摆放在使用场所附近，最大限度地减少取用物品的时间；每月、每季度或每年要用的物品，可以摆放在家里的高处或转角处。

定点统一摆放

　　家里要保持干净、整洁、有序，对一些大件物品一定要定点定位摆放。所谓定点定位，就是将物品按使用需要和便于取放的原则，科学地固定在特定位置上，缩短取放寻找的时间。比如电饭锅就放在碗柜附近的案台上，等等。

准确增补

对于需要收纳的物品，我们尽量选择透明的容器来存放，这样在拿取的过程中就减少了盲目寻找的时间。一般情况下，放在高处或集中收纳的物品更需要标识。

用标签图指引

家中物品种类繁多，不亚于一个小超市，定期检查物品的使用情况，会让家中物品保持一直有但不多的状态。

将管理物品的权利交给家人，形成自律

物品定点定位后，可以专人管理，比如孩子的玩具由他自己保管，先生的钓鱼设备由他自己管理，女主人的化妆工具自己管理等。明确到人，各自管理，不仅增加了家人的互动，也帮助家人养成爱护整洁环境的好习惯。

在收纳过程中，我们会不时发现规律，若是可以，马上记录下来，做成卡片贴在相应的位置，这样家人就容易明白你的整理规则。

衣服收纳规律

同类收纳

将同色系、同类型或同功能的
衣物（例如上班服或休闲服）分别
集中收纳，方便服装搭配的同时，
也可作为添置衣服时参考的依据。

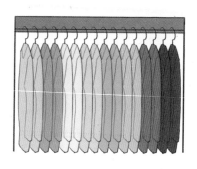

不换季

薄长袖、薄外套、针织衣、披
肩、细肩带背心可以不进行换季收
纳，放在外面即可。

收纳方法

立式收纳法

立式的收纳方法有很多，工具也有很多，比如立式挂袋、立式抽屉组合。立式收纳工具对收纳同一类衣服较为理想，如毛衣、睡衣、随手披肩等，因为是开放式，适合收纳快穿快洗的衣服。

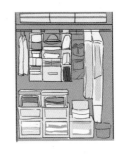

折叠收纳法

折叠是最常用的衣服整理法，把衣服按相同的尺寸或宽度折叠好，层层堆叠摆放，看起来整齐又清爽，适合一般 T 恤、线衫等不怕皱或不容易皱的衣服。对节约空间十分有效，但衣服叠放的件数不要超过五件，否则取拿不方便，很容易打回乱的原形。

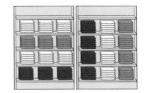

开架收纳法

衣服的收纳以开放式收纳最为理想，把所有可以挂的衣服挂在衣架上，方便选用搭配，通风良好。对衬衫、大衣、长裤等易皱的衣物，悬挂是最好的处理方式。采用这种方式时，需注意衣架的宽度要适中，给衣服留出足够的空间。

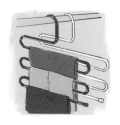

抽屉分类收纳法

抽屉可以分格收纳贴身衣物、贵重物品、配饰等物件，但因抽屉空间有限，一般以轻薄、短小、不容易起皱的为主，卷起来比较理想。

衬衫收纳法

衬衫分两种：一类是西服衬衫，一类是休闲衬衫。西服衬衫以悬挂方式为主，休闲衬衫则可以叠起来。

针织衫、薄毛衣收纳法

针织衫的收纳要比其他衣服讲究一些。很多家庭喜欢把针织衫挂起来，挂起来固然好找，但会让针织衫拉长变形。卷起来放进抽屉里，不仅省空间，还能很好地保护针织衫。

游泳衣收纳法

泳衣的收纳不用刻意去折叠，只要选择一个收纳袋把泳衣放进去即可，一人一个泳衣收纳袋，何时取用都很方便清楚。

居家服收纳法

厚厚的居家服不好收纳，不论放在哪里都会占空间。可以用裤子包裹衣服，或者用靠垫的外套收纳，会让空间变小，也很容易找。

穿过一次但不想洗的衣服收纳法

在家里预留一个空间，为穿过一次的衣服准备。可以用带拉链的衣服罩将穿过的衣服罩好放置在衣柜中。为了环保，可以用一件不穿的衣服把穿过一次的衣服罩起来，也可以使用熨斗，熨烫、消毒后放回衣柜，但超过一个星期不穿就应该清洗。

各类衣物折叠法

胸罩

女用短裤

开领短袖衬衫

对襟衣物

安全裤

衬裙

贴身短内衣

安全裙

内裤

男士平角裤三角裤

睡衣

贴身短裤

袜子

丝袜

羽绒服

柔软衣物

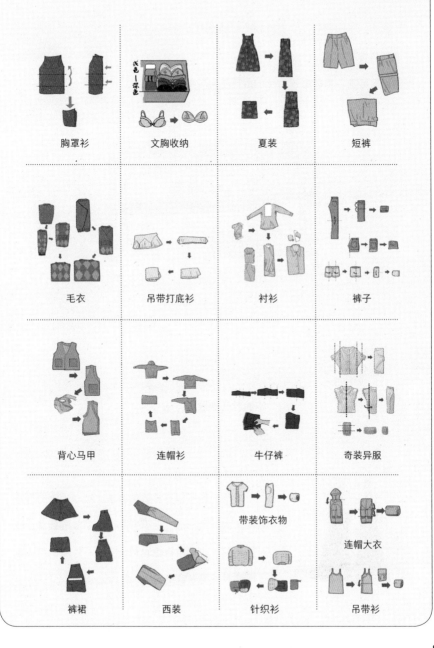

胸罩衫　　文胸收纳　　夏装　　短裤

毛衣　　吊带打底衫　　衬衫　　裤子

背心马甲　　连帽衫　　牛仔裤　　奇装异服

裤裙　　西装　　带装饰衣物　　连帽大衣

针织衫　　吊带衫

鞋子收纳规律

鞋子的常用收纳方式有两种：一种是可以直接排列在鞋柜里；另外一种就是装进鞋盒叠加摆放。一般情况下，入门处的鞋柜为常穿鞋柜，可用开放式的收纳，尽量不放鞋盒。换季或不常穿的用鞋盒或收纳袋进行收纳。

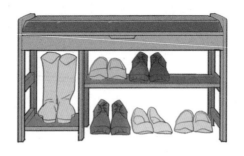

不同鞋子的收纳方法

靴子收纳方法

皮质的靴子以直立收纳为主，换季不穿时可以用报纸卷成筒形放入靴筒挂起来或平放进鞋盒；软布类的靴子可以用折叠靴帮的方法。也可以购买靴子收纳架或靴子收纳盒。

皮鞋收纳方法

皮鞋的收纳，关键是不要挤压，不可将皮鞋胡乱地堆挤在箱子中。皮鞋收纳应该是一双一个位置，不穿时用旧报纸、布或鞋楦将鞋里塞紧，也可以用拷贝纸、单层布或不穿的丝袜包好，收纳在鞋柜里。避免用塑料袋装，最好以封闭式收纳为主，放置在阴凉通风处。对有亮片或镶钻的皮鞋，应该用布鞋套装好再放进收纳盒。一些皮鞋还具有展示和收藏的功能，可以专门购买展示柜进行收纳。

运动鞋收纳方法

球鞋容易泛黄，若超过半年不穿，在鞋盒或鞋子里放防潮用品可以缓解，也可以根据情况放类似餐巾纸的物品。

高跟鞋收纳方法

我个人喜欢把换季的高跟鞋用绒面布袋扎好，放进有盖的收纳筐里，要避免阳光照射引起变色。

拖鞋收纳方法

　　拖鞋的收纳相对其他鞋子要简单一些，只需要一些束口袋，把拖鞋放进束口袋一扎，即可解决所有关于零散拖鞋的烦恼。不怕压的拖鞋可以在一个束口袋里放两双。

童鞋收纳方法

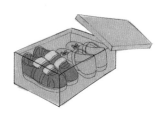

　　小孩子的鞋放进鞋柜中，占一个大人鞋子的位子，会留下多余的空间，降低了鞋柜的利用率。若没有孩子的专用鞋柜，可以用大一些的鞋盒或礼品盒当他们的鞋子专用盒，若鞋子不多，可将孩子的鞋摆在换鞋凳下面。童鞋一般都小巧可爱，看着也不会显得杂乱无章。

鞋柜分容易存取的空间和不容易存取的空间

a. 根据鞋子的使用频率来划分，经常穿的、百搭的鞋子放在最好拿到的地方。

b. 分清当季和过季的鞋子，当季的鞋子摆在最好拿的位置，过季的鞋子可以放在上层，并使用防尘袋收纳。

c. 如果鞋柜里上方的空间过高，可以自己加上隔板，增加鞋子储存的空间。

d. 利用收纳鞋盒巧妙增加鞋柜空间，鞋盒上面可以摆放经常穿的鞋子。

e. 根据家人的生活习惯来确定鞋子的摆放区域。老人的鞋子优先放到伸手可及的区域，并在玄关配置玄关凳、鞋拔子；男性身高高一些，可以将最高层的位置留给男性。

鞋子收纳小箴言

a. 养成好习惯，进门脱鞋后主动将鞋放进鞋柜里，建议鞋柜外面每人只放一双拖鞋；

b. 经常穿的鞋子要放在容易拿取的地方，按惯用手顺序放置；

c. 整理鞋子从不常穿的开始，非当季的鞋子放到柜子里；

d. 对犹豫不决的鞋子最好试穿一下，丢掉那些不合脚的鞋子，以及已经很难搭配、不喜欢的鞋子；

e. 五岁以下孩子的鞋与大人鞋分开放置，避免细菌交叉感染。

包包收纳规律

要掌握包包的收纳规律，我们首先要了解包包的材质，以皮质和布质两种材质居多。

有型的皮包

真皮皮包保存时不要用塑料袋套住，因为塑料袋内空气不流通，会使皮革过干而受损，可用专用的包包外套、T恤腋窝下的部分做成的收纳袋或旧枕套来收纳。如果包包长时间不用，包内应塞上一些软卫生纸或质地柔软、不容易褪色的旧衣服，以保持包包的形状。另外，需要为它们找到一个独立的存放空间，独立的包包挂袋和包包收纳架是不错的选择。

小型零钱包

小型零钱包比较薄软，不容易放正，一般放在收纳盒里，方便取拿即可，若是有钻或绒面等，建议放在饰品收纳柜。

布质包包

对于布质包包，或者挂起来，或者卷成卷，码放进收纳盒即可。

电线收纳规律

生活中，我们常被各种充电线、数据线、耳塞线、电脑插线等纠缠不休。

购买专门的绑线搭扣或魔术贴绑带收纳数据线；

把电线绕在布娃娃的身上；

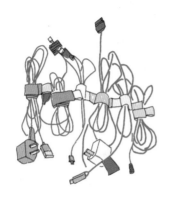

利用长尾夹；

用专用的数据线收纳工具；

家里的大家电，比如空气净化器、电视机，位置较固定，可以把电线固定在墙上或把线贴在电器背部隐藏起来。

不同时期，不同收纳规律

不论是房间的功能，还是收纳用品的配置，并不是一蹴而就的，也不是决定好后就一成不变的，需要配合家庭的每一个阶段与家人的变化。

例如衣柜，在孩子还小的时候，若是将衣服吊在比较高的衣杆上，以孩子的身高是无法拿下来的。这时，就要将衣服放在衣柜下层的悬挂空间或抽屉里；当孩子慢慢长大之后，衣物也会逐渐增多，这时将他的衣服挂在衣架上，比较省事。如果他一眼就能见到所有的衣物，也能让他学会搭配，并知道自己缺少哪些衣服。

若衣柜较深，可以买两根衣杆，按照一前一后、一高一低的方式来放孩子的衣服，里面的衣杆挂非当季衣物，前面则挂当季的衣物，当季节转换时，孩子自己都能够完成衣服换季。"今天天气有点冷，披上一件外套比较好。"只要让孩子自己管理衣物，就能让他养成独立自主的能力。

房间的功能也会随着时间或情况的变化而有所改变。比如，当年纪越来越大，年轻时轻易就能完成的动作，会逐渐变得越来越难，不但爬到高处去拿东西很危险，就连蹲下来的动作也很难做到。对收纳空间进行改变和调整，把难以取拿的空间变成两个隔板，在取物时就方便多了。

不同的生活有不同的收纳方式，但前提还是得从选择每一件物品开始。严格筛选你需要的物品，平日就培养评估生活便利性的习惯，不要将各种你认为能用的物品都搬回来，那样只会让你进退两难。用轻松、具有适应性的态度面对生活，即使更换房间的装饰或是移动物品，也能够轻易地做到。

2 小物件收纳

那些零散、形状不规则、尺寸不一的小件物品，不用时难于归类整理，需要时又难以快速辨识。应该怎么做呢？

小物件收纳的基本原则

原则一：清楚分类。

原则二：辨识度高。

小技巧实现大收纳

桌面上的文具用品总是散落各处，笔筒和
小格子桌面收纳盒可以帮我们轻松找到小物件；

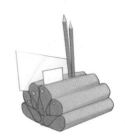

相机、配件类的零部件，可以用专用防潮
箱或工具箱来收纳；

衣服辅助配件、纽扣、针线包可以用专门
的收纳箱进行收纳；

家用工具、防护眼镜、多用工具刀等可以使用专用功能箱；

毛巾、纱布、卫生纸和塑料袋之类的清洁用品放进开放式收纳筐里；

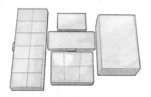

外用药、内服药、医用耗材放进药箱或收纳盒，一般是将外用、内服药分开收纳；

靠垫、小盖被等卧具放进收纳筐；

各类说明书、手册等用大文件夹统一收纳；

布娃娃、泥人等小摆件用置物架统一收纳；

富有特色的旅游纪念品等放进带有展示功能的柜子里；

用纸杯 DIY 袜子、内裤、丝巾收纳盒；

3

家庭成员物品管理的互动

鼓励家人参与到家庭收纳的过程中，经过一段时间后，你会发现，其实家里是不用大费周章去整理的，因为物品已经变得有序起来了。

制作家庭收纳手册

为家人制作一份《家庭成员信息备忘录》，一是记录家庭成员的兴趣喜好、行动路线、习惯、缺点，可及时根据情况进行调整；二是详细记录物品的主要情况；三是记录物品需求，及时购买。

姓名	性别	年龄	缺点	生活习惯	喜欢颜色	个人用品种类及数量	平时取物习惯

然后，找出家庭成员的共性，根据共同的习惯和特点确定收纳位置、器物采买和物品的储放。

收纳信息表

除了家庭成员的简历，了解家人的需求也很重要。

待改变的地方
目前不满意的空间是哪些：
取拿物品的困惑是什么：
放不回去的难点是什么：
希望怎么放：

需添置的工具						
使用地点	放什么物品	材质	款式	颜色	尺寸	个数

收纳日记

　　收纳日记的功能主要有两个，一个是记录，一个是修正，目的是强化物品的收纳位置。家庭收纳日记，就是专门记录家庭成员在物品使用过程中是否得心应手的一种随手日记，主要是记录使用的感受，是否有不合理的地方，有何改进建议，以及希望的收纳方式。

　　家里需要一个"太阳"，这个"太阳"是家庭收纳管理的核心人员，他不仅清楚家里每件物品收纳的位置，还清楚每个人的生活习惯及收纳习惯，通过观察和实践，总结适合家庭成员、方便实用的收纳规则。

　　家庭成员在使用过程中取拿不方便的物品是什么、是否有其他区域可以协调，及时记录使用情况，有助于改善物品收纳和使用的合理性。

　　家庭日记形式很多，可以是文字，可以是图片，还可以是标识。

设立家庭收纳日

　　家庭成员共同讨论决定，设立某一天为"家庭收纳日"。在那一天，除整理各自的物品外，还可以讨论未来是否需要添置设备、有没有需要淘汰的物品、收纳空间是否需要扩展、有什么好的建议等。设立家庭收纳日，不仅促使家人养成爱劳动、讲卫生、重整洁的好习惯，对孩子和父母的交流也是一个很好的途径，更让家人们远离疾病，保持健康身心，生活更加幸福美好。

日 SUN	一 MON	二 TUE	三 WED	四 THU	五 FRI	六 SAT
		全家收纳日	1 元旦	2 初二	3 初三	客厅装饰日 4 初四
5 小寒	6 初六	烘焙日 7 初七	8 初八	9 初九	10 初十	11 十一
12 十二	13 十三	14 十四	自我清洁日 15 十五	16 十六	物品盘点日 17 十七	18 十八
19 十九	20 大寒	21 廿一	22 廿二	23 廿三	全家读书日 24 廿四	25 廿五
畅谈日 26 廿六	27 廿七	28 廿八	29 廿九	30 三十	1月 January	

31 春节

保持不乱的成果跟进

　　家庭物品中，最容易乱的一般有下列十种：

杂志或报纸

过期或快过期的食物

3 碗碟

4 桌上的零碎物品

5 散落在书桌上的文具

6 不折叠的衣服

7 没挂起来的包、衣服

8 发票

9 散落在洗漱台的用完的化妆品

10 鞋子

　　给予一些奖励，鼓励家人从身边的小事情开始，先收拾好自己的书包、自己的一个抽屉、自己的一门衣柜……每天花十分钟，把各自的物品放置到位。带着这种好习惯，我们井然有序的生活其实就水到渠成了。

4 合租房的收纳管理

房子虽然是别人的，但生活质量不能因此打了折扣。

确定好物品的位置将事半功倍

　　合租房的物品可以按照私人区域和公共区域来进行摆设和布置，公用的物品绝对不拿到自己的小天地，私人的物品一定不放在公共区域。

`> SKILL <───────────────`

合租房有四个特点：空间小、东西多、公共区域乱放、无美感。
租房的时候经常搬家，因此收纳工具一定要选择方便搬运和耐用性强的。
租房的时候要尽可能选择有家具家电的，让自己少买家具家电。
在缺少家用物品的时候，可以选择一些可拆分可移动的，方便搬家带走，也方便转手。
厨具能省则省。

卫生条件是所有美观的前提

　　在开始布置房间之前，要对卫生死角进行清理，防止布置好后不方便清扫。

　　接着，我们要了解房间整体结构，一般房内的摆设只有一张床、一张桌子和一个柜子，墙壁大多是白色，地面可能有简单的地板，或是水泥地。

　　可以利用墙纸对墙面进行美化。考虑到成本，墙纸加报纸的方法值得借鉴。

　　如果房子的地板不令人满意，可以购买一些地板纸或地毯，营造舒适的小天地。

合租房收纳小技巧

衣柜可以增加一些隔层，做到分类收纳，整洁又好拿；若衣柜内隔板间隙太大，想提高空间利用率，除了使用多层收纳盒，还可以选择铁艺收纳筐。

柜内使用免钉置物架，增加空间的利用率。

善用多层架，把各种碗碟杯收入其中。

充分利用暗角，包括床底、柜顶，还有家具电器之间的小空间等日常利用不到的鸡肋角落。

合租房空间有限，可折叠的收纳用具比较方便，也不占空间，可以做屏风，又可以挂衣服。

合租房若没有晾衣服的地方，可以用一些组合的可拆卸工具进行晾晒或熨烫。

虽然我一直不太赞同，但对一些特殊情况，可以在换季时选择用真空袋收纳的方法，防潮防蛀，还能给其他物品腾出充足的收纳空间。

用独立的封闭式收纳箱储放物品，可以叠罗汉式地放在角落。

5 学生宿舍的收纳管理

这两年，我有很多次机会在学校指导学生们进行物品收纳，帮助他们厘清自己的学习与生活。因此在分类整理方面，有一些心得可与大家分享。

衣物收纳技巧

　　学校衣柜一般是一个两层或三层的组合式柜子，里面大多存放衣物和私密物品。既想摆放合理又想防潮，应该如何收纳才好？

衣柜空间有限，应把它分成三个区域：棉被区、长衣区、配饰储放区。

要"有爱"地判断，只留下自己心爱的衣物和物品。

衣服的叠放方法要正确。能竖起来的别让它躺下，让存放空间更大。

选择合适大小的置物架和置物筐。主要目的在于分割空间，增加容量。

巧用挂钩。在衣柜壁面上巧用挂钩,可暂存包包和一些可悬挂的物品。

悬挂衣服要遵循由长到短、颜色由深至浅、沿惯用手方向依次排列的原则。

如果鞋子太多,可以用一个带盖子的收纳筐,用于收纳不常穿或换季的鞋子,一定要套上防护罩或套一只丝袜保护鞋子,避免阳光直射。运动鞋建议放在宿舍阳台通风处。不常穿的皮鞋清理干净后,涂上油、用防护罩套好,可放在衣柜里。拖鞋放在床底即可。

书籍收纳技巧

书籍的收纳重点在于如何用好书架，原则是：

1 对应你面部位置的，应该摆放最常用到的书；

2 对应你腰部到颈部之间的，应该摆放偶尔才读的书；

3 对应你头部以上、腰部以下的，应该摆放较少用到的书；

4 宽窄不一的书，前沿要整齐，避免长短不一，参差错落。

生活用品收纳技巧

1

建议生活用品尽量合理添置，不要担心不够用，囤积太多，占空间的同时也是浪费。

2

建议有 1 ～ 2 个图中所示的盒子。洗漱类、洗面类、护肤类用品可放在里面，即使宿舍没有独立的洗漱空间，也可以起到收纳和卫生的作用。

3

储物柜抽屉里可 DIY 一个简易收纳盒，在鞋盒里立放酸奶盒即可，中间可以用万能胶固定。有了这个盒子，指甲钳、镜子、梳子、头绳；粘钩、针线包、塑料袋、保鲜袋；文件夹、回形针或夹书的夹子、便条本、N 次贴等小件物品都可以放进去。

4

利用垂直空间，把能挂起来的尽量挂起来，如毛巾、杯子、篮子等。

学习用具收纳技巧

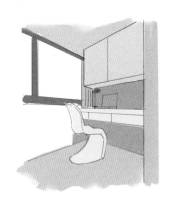

电脑、台灯、文具、笔筒等学习用具可整齐摆放于桌面。

各种器械收纳技巧

①

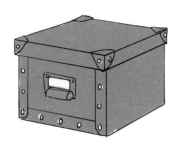

乐器：不同的乐器需要不同的保护方法，但都要防潮、防尘。要用不带毛绒的软布擦拭干净，用干净布包好，放进盒中并放入干燥包。

②　各类设备：如健身器材、自行车类，用塑料外罩即可。如是小型电子精密产品，需要用盒子装好，放于阳台、床底或衣柜的顶部。

药品收纳技巧

常用药品放入有盖的盒子收纳，置于储物柜的抽屉里。

PART

4

各放异彩

家与收纳密切相关，不同的家居风格有着自身独特的收
纳美学。

1 新中式收纳

新中式家具大多端正平直，方便物品归置摆放。储物收纳的空间多，在实用的基础上，更显方正大气。

新中式在视觉呈现上讲求对称美和文化韵味，在收纳展示时应该注意摆放物件的对称，陈列的颜色以浅素色搭配为主。

玄关：条案

　　玄关是开门第一道风景，室内的一切精彩皆被掩藏在玄关之后。条案便是适合摆在玄关处的新中式家具。条案上可以陈设一些摆件和绿植，也可以摆放钥匙、眼镜等需要在出门时随手取用的物品。条案下还能作为小型的收纳空间，放置一些杂物。条案的存在，令开门第一眼带上了传统的味道。

客厅：电视柜、厅柜

　　新中式客厅一般选用舒适、沉稳的色调，在以黑、白、灰为主调的场景布置中，局部点缀一些鲜艳的色彩，丝毫不显沉闷老旧，更加契合现代人的审美与需求。

　　长而矮的电视柜是客厅里常用的收纳家具之一。通常有 3 ～ 5 个抽屉，抽屉里可以收纳杂物，柜顶可以摆放机顶盒、音响、电视机等设备，背板部还设有用来走线的孔洞。

　　通常与电视柜搭配使用的，是相对高大的厅柜，能为空间营造出高低错落、富有层次的空间感。厅柜的好处在于不占用太大的空间，能收纳较大件的暂时不用的物品，又能根据客厅的风格，搭配不同的颜色：黑漆点螺的复古雅致、红漆戗金的华丽显眼、蓝色髹漆的清新时尚……

书房：层架

　　新中式书房端庄素雅，映射出浓厚的文化底蕴，对情绪紧张的现代人来说，是远离喧嚣、静气凝神的好去处。

　　层架的灵感来源于专为陈设古玩器物的多宝格，其独特之处在于设计极具空间艺术感，将格子做出横竖不等、高低不齐、各自独立并可封闭收纳的储放空间。层架有大有小，大的可以是落地架，三至五层不等，放置一些茶具、香具、书籍、摆设。

　　小的层架适用于桌面，是文人案头的清供雅玩最佳收集地。最高的一层放菖蒲、佛手之类的花草瓜果，赏心悦目；下一层放水杯、文玩，不易砸碎；最下一层可以放些文具和用品，方便取用。

餐厅：餐边柜

　　餐边柜经常出现在新中式的餐厅中。餐具、酒器、杂物、零食等可尽数收入其中，堪称新中式餐厅的好伴侣。

　　新中式餐边柜将传统的中式橱柜、西式餐边柜及酒柜进行了结合，外观设计延续了中式橱柜的简约大方，内部的层格结构考虑周到且十分人性化，对碗盘、杯具、瓶装酒都设置了专属的收纳空间，将收纳力发挥到了极致。

卧室：斗柜

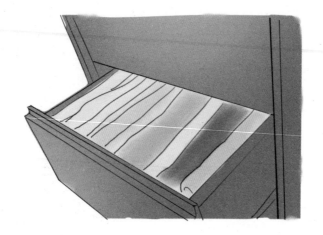

　　在新中式的卧室中，斗柜可谓是必不可少的收纳家具，常见的有三斗柜、五斗柜等，柜体造型规整平直，线条圆润流畅，顶部设有抽屉，用以收纳袜子、手套等小件衣物。

2

日式收纳

日式风格的特点是素雅、简洁、线条清晰、立体感强烈，日式收纳重视收纳盒的组合使用，遵守物品的规则性。

壁　橱

　　它以往的用处是收纳被子，现在常常也会用来收纳其他的东西。

榻榻米

　　榻榻米，旧称"叠席"，就是房间里供人坐或卧的一种家具。榻榻米在中国基本以休闲和储物为主，因为收纳功能比较强，可以放置换季、不用的物品。

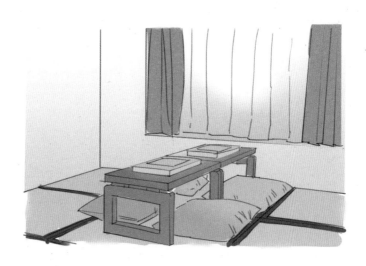

日式矮桌

作为榻榻米的好伙伴，矮桌上面可以放置一些水果、茶水之类的休闲食品和饮品，收纳时尽量不要放多余的物品和杂物。

书　柜

书柜结合日式榻榻米，空间上得到优化，储物能力尚可。分为前后两排，前排可以滑动，有效地增加了储存量。

日式收纳柜

设计很简单，用隔板将柜子分成几个隔层，里面用来摆放杯子、碗碟等日常用品，方便的同时也具有良好的通风效果。彩色的碗碟还能作为一种时尚装饰点缀收纳柜。

衣柜

　　日式衣柜大多走简约风，只有一根晾衣杆和一块位于衣柜上半部分的置物板，虽然整体看起来相当舒爽、简约，很符合时下年轻人的审美，但是用久了，你很难去保持这份规整和简约。另外，这种衣柜的空间利用率不高，通常适合小户型家庭。

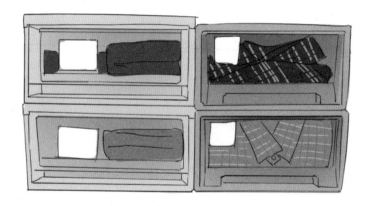

3

美式收纳

美式家具一般采用上好的木材，相当厚重，而且坚固耐用。美式家具的特点是功能很多，衣柜可能兼作电视柜，餐柜或许兼作梳妆台，实用性大大增强了。

玄关柜

在玄关处设计一个大大的收纳柜,下层当作鞋柜,中层摆饰品,上面放杂物,增加收纳功能。

厨房橱柜

美式厨房一般采用整体橱柜,整体色彩搭配上会比较时尚个性,各种收纳设计也十分贴心,一体式的灶台、水池、上下储物柜……上方的柜子放不常用的盘子和碗,下方的柜子放各种锅和厨房工具,拉取式的抽屉可以将各种调味品隐藏起来。

餐 台

美式餐台实用性较强，大餐台可以加长，或拆成几张小桌子，也可以变成书桌和户外用的野餐台。美式餐台喜欢搭配一些好看的装饰品来增加它的细节，一定程度上缓和了它的大与宽。

衣 柜

美式衣柜会表达一种非常随意的态度，以悬挂和大块隔板为主，但会增加较多小格子，用于小物件和贵重物件的收纳。美式衣柜一般最上层和最下层面积小，会把悬挂区留出很大的空间。美式衣柜不太会增加太多的收纳器物，因为柜子本身已经强调了功能分区。

4 地中海式收纳

地中海风格的家具一般都比较低矮，这样让视线更加开阔，同时线条侧重柔和。装饰是地中海式收纳必不可少的元素，大多使用自然风格的元素。颜色一般以蓝、白为主，用土黄、红褐来衬托沉稳和安详。

玄 关

　　地中海风格的玄关一般会有栅栏，推开栅栏会看到玄关柜，很多家庭会选择在栅栏上下功夫，变成一些小的收纳场地，比如把一些临时的小物挂在门上，也会贴一些好看的指示牌。玄关柜一般以大抽屉、多层分区、大容量为主要的储物特点。

五斗柜

　　地中海风格的五斗柜不仅色彩艳丽美观，还有较强的储物能力。五斗柜大大小小的格子抽屉能放下各种物品，但也有一些小缺点，因为分类明确导致格子的空间都比较小，不太适合放大件的物品。

衣 柜

　　地中海风格的衣柜在空间设计上以悬挂和抽屉收纳为主，会配合一些收纳箱来提高空间的利用率。由于衣柜内格子高度太大，当你摆放超过五件衣服之后，很难保证它们不倒不乱，两个盒子叠放又会增加收取的难度，因此可以考虑收纳抽屉和收纳拉篮。

茶　几

　　地中海式的茶几配有抽屉盒，作为茶几的同时，也充当一个超强收纳的小帮手，一般会放一些临时的读物、零食、电器设备和零散的生活用品。茶几旁边会搭配一些案几来增加储物能力，大部分分为两层，下面隔板可以放杂物，上面抽屉是假抽屉，只作装饰用，上层放电话或花器都是不错的选择。

PART

5

星座与收纳

每个星座有不同的性格，因此会有不同的居家偏好，无论如何，十二星座与收纳总是能完美邂逅。

1 水瓶座——美式乡村风格

水瓶座：1月20日~2月18日

性格特质：思想奇异，宽容、理性、冷静

性格颜色：天蓝或鲜蓝色

幸运颜色：橘橙或粉红色

水瓶宝宝渴望自由，适合"返朴归真"的居住环境，喜欢创意和古怪的个性，居家风格随心情和品味不断在改变。大书柜是水瓶宝宝喜爱的家具之一，不要小小的书柜，大而拥有明亮色彩的书柜才是心头好。

　　收纳建议：水瓶宝宝喜欢盲目买回一堆华而不实的物品，因为为人理想化，物品一旦太多，对收纳的热情会逐渐下降，建议用大一些的收纳盒把物品统一规整。

　　收纳材料：大衣柜、大的收纳筐都是水瓶宝宝喜欢的收纳器具。

　　收纳风格：喜欢展示收藏品、家庭纪念品，开放式柜子较多。

玄　关

收纳工具：大大的鞋柜和抽屉多
的柜子。

收纳建议：喜欢把鞋子都展示出
来，所以一双一双地摆在眼前最符合
水瓶宝宝的风格。

客　厅

收纳工具：开放式的展示柜和五彩斑斓的收纳筐是最好
的搭档。

收纳建议：展示出艺术品，把临时物品都放进开放式
的收纳筐里。

卧　室

收纳工具：大大的衣帽间和大衣柜。

收纳建议：把衣服都挂起来是第一首选，不喜欢折叠
衣服，常用收纳筐把衣服藏起来。

厨 房

收纳工具：大大的案台，或增加案板，来容纳因为冲动买下的各种调味品或料理设备。

收纳建议：喜欢在厨房里面天马行空，喜欢拿眼前的物品，不喜欢翻箱倒柜地去找，除非有一个助手在旁边帮他收拾，不然他常把要用的物品先准备好放在外面，再进行烹饪。

洗手间

收纳工具：透明的开放式盒子。

收纳建议：不喜欢被束缚，喜欢让东西摊在外面，收纳时建议把常用的放在外面，将偶尔用的洗漱护肤用品装进盒子。

2 双鱼座——地中海风格

双鱼座：2 月 19 日 ~ 3 月 20 日

性格特质：多愁善感，骨子里充满浪漫基因

性格颜色：湖绿色

幸运颜色：红色系或黄色系

双鱼宝宝天生浪漫，因此，蓝色地中海式清爽简单的家居风格最易获得双鱼宝宝的青睐。

双鱼宝宝爱幻想，天生拥有梦想家的情感，擅长将四处淘来的"古董"与家居混融成奇妙的风格。

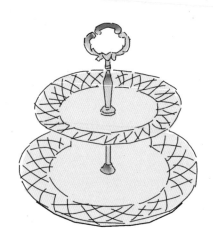

收纳建议：双鱼宝宝浪漫又热爱幻想，对家居色彩和布艺的使用有着自己的独到见解，双鱼宝宝整理过的房间能变成最温馨的小窝，但因为想象早于行动，建议选用封闭式的收纳为主，因为双鱼宝宝不喜欢一眼就看穿所有的东西。

收纳材料：复古柜子、小小的精致收纳器物都是双鱼宝宝喜欢的收纳器具。

收纳风格：不太喜欢展示物品，但喜欢用复古的柜子或流苏让空间灵动起来。

玄 关

收纳工具：复古的玄关柜和复古托盘。

收纳建议：只喜欢放自己最近喜欢的鞋子，建议在鞋柜下面增加一个收纳托盘。

厨 房

收纳工具：挂钩或托盘。

收纳建议：挂起一些富有创意的厨房用具，因为对双鱼宝宝来说，放回去实在是有点麻烦。

客 厅

收纳工具：半封闭式的展示柜、有特色的收纳器物或水果盘。

收纳建议：展示新奇的物件，善于搭配，即便是藏东西，也会选择放进有特色的收纳器物里。

卧　室

收纳工具：专属的衣柜，整齐有序的竹艺或藤艺的收纳器具。

收纳建议：喜欢一眼看不见东西的感觉，所以抽屉式的柜子或盒子成了收纳物品的首选，把衣服卷起来放进抽屉也是很好的技巧，喜欢把饰品别在布艺或特别的物件上。

洗手间

收纳工具：磨砂的封闭式盒子或布艺的收纳篮。

收纳建议：喜欢在洗手间制造浪漫，经常会放香水、香薰等物品，这些小物件建议用专属的收纳盒来收纳。

3 白羊座——后现代风格

白羊座：3 月 21 日～ 4 月 19 日
性格特质：热情、精力旺盛
性格颜色：红色
幸运颜色：金黄色或宝蓝色

白羊宝宝喜欢特立独行，喜欢在家中接待友人，喜欢让别人感受自己时髦又不失品味的居家风格。

拥有强烈、坚定性格的白羊宝宝常有新的想法，丰富多彩的居家细节很适合这样充满活力和想象力的白羊宝宝。鲜艳的用色，或是加一些古怪的装饰，符合白羊宝宝跳跃思考的个性。

收纳建议：急躁的白羊宝宝似乎永远精力旺盛，整理速度很快，并且能坚持整理完才肯罢手。跟白羊宝宝一起收拾整理家一定要跟得上他的力气和想法，虽然速度很快，但也有粗枝大叶的时候，建议收纳完毕之后再检查一遍，加深记忆。

PS：一定要有耐心，多注意收纳质量呀！

收纳材料：柜子、架子、开放式的收纳器物都是白羊宝宝喜欢的收纳器具。

收纳风格：喜欢展示物品，又喜欢别人赞美，那就把美的东西都展示出来。

玄　关

收纳工具：市面上少见的收纳器物。

收纳建议：喜欢把东西随手放在桌面，建议准备一个收纳器物或挂钩，把喜欢的物品放进去或挂在上面；喜欢把鞋子都堆在玄关，以至于玄关物品很多，建议入屉收纳。

厨　房

收纳工具：挂钩或开放式的架子。

收纳建议：把厨房用具放在开放式的架子上即可，随手又方便。

客　厅

收纳工具：开放式展示柜、富有生活气息的沙发、大的收纳筐。

收纳建议：因为注重别人的感受，沙发上多放几个靠垫，增加客厅案几，在上面放照片或一些摆件是不错的技巧。

卧　室

收纳工具：开放式的衣帽间。

收纳建议：增加收纳盒，把小物品收纳其中，衣服挂起来，袜子类小物件用收纳筐装起来即可。

洗手间

收纳工具：亚克力类精细的开放式盒子，建议做好物品的标识。

收纳建议：洗手间永远都是乱乱的，因为不喜欢对小物件进行分类收纳，所以选择开放式有格子的盒子收纳小物品是很好的技巧。

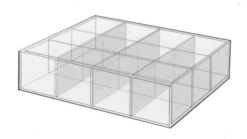

4

金牛座——中国古典风格

金牛座：4 月 20 日~ 5 月 20 日

性格特质：稳重、顾家

性格颜色：粉红或淡蓝色

幸运颜色：黄色或红色

家居环境舒适是金牛宝宝的第一考虑要素，讲究舒适性和精致性，一套可以窝着的沙发，再搭配上有质感的沙发枕，简直太完美了。

在金牛宝宝的眼中，华而不实的装饰一无是处，金牛宝宝比较偏爱有中国特色的家居饰品。

收纳建议：物品摆放得规规矩矩，符合金牛宝宝的收纳特质。

收纳材料：喜欢木制的柜子、架子和收纳器物。

收纳风格：喜欢展示有质感的物品，希望规规矩矩的同时有家的品质感，喜欢把物品放进既定的包装袋或盒子里。不喜欢看得见的地方乱乱的。

玄 关

收纳工具：木制的收纳柜。

收纳建议：进门不要随意放东西，要把不同的物品放到规定的空间，让托盘作为点缀物品即可。

厨 房

收纳工具：各种大大小小的收纳盒。

收纳建议：不要太过于要求整齐，取用方便也是很重要的。

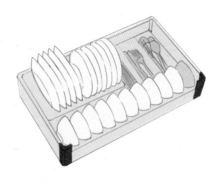

客 厅

收纳工具：开放式展示柜，富有质感的真皮沙发，各种边柜。

收纳建议：因为喜欢照顾别人的感受和强调美感，放入抽屉并用有盖的收纳器具是比较理想的收纳方式。

卧　室

收纳工具： 纯色的布艺收纳筐。

收纳建议： 最好把物品都收进抽屉和盒子里。

洗手间

收纳工具： 有盖的收纳盒。

收纳建议： 洗手间台面上只摆放洗手液和一瓶小花，就是最好的效果呈现。

5 双子座——古罗马风格

双子座：5月21日~6月21日
性格特质：喜欢新鲜事物、古灵精怪
性格颜色：淡黄或橘橙色
幸运颜色：淡蓝色、天蓝色或白色

奇特、豪华的居家环境最符合双子宝宝的心意。若再有一套颜色丰富、造型夸张的收纳工具，简直就是梦想中的生活。

收纳建议：经常收拾到一半就耗尽耐心，开始幻想一蹴而就的办法，建议一部分一部分地进行，不用去纠结和浪费时间在衣服是挂还是卷上。

收纳材料：喜欢藤编、色彩丰富和造型夸张的家居收纳器物。

收纳风格：喜欢把家里装饰得像"宫殿"，喜欢把地毯或手工收纳器物作为家庭的标配。

玄　关

　　收纳工具：有个性的架子、玄关柜。

　　收纳建议：因为经常会买回来不同的物品，收纳工具不固定，以好看为原则。

卧　室

　　收纳工具：温暖的个性收纳筐。

　　收纳建议：按照使用习惯变化物品摆放的区域，产生新鲜感。

客 厅

收纳工具：颜色明亮的收纳盒。

收纳建议：因为居家环境较为华贵，建议收纳上尽量不要过多展示物品，以线条简单的物品为主。

厨 房

收纳工具：自然个性的收纳架。

收纳建议：厨房收纳不要太过彰显个性，不常用的碗盘用封闭式的工具收纳，保证干净清爽。

洗手间

收纳工具：无盖的收纳盒。

收纳建议：洗手间里有各种花花草草和瓶瓶罐罐，只留下 1 ~ 2 个即可，多余的请放弃。

6 巨蟹座——洛可可风格

巨蟹座: 6月22日~7月22日

性格特质: 家即一切

性格颜色: 绿或灰色

幸运颜色: 深灰色、黑色或淡紫色

温馨、舒适的居家环境能给巨蟹宝宝带来一种理想中的温暖感觉。

收纳建议: 喜欢整理和收拾，对自己常用的空间要求特别认真，但因为太较真，会让家人有压力，收纳上不要求一板一眼，使用自如就好，不要因为太注意细节而忘记了空间的整体规划。

玄 关

收纳工具: 各种框框架架，以及可以移动的收纳工具。

收纳技巧: 把零零碎碎的物品都放进可移动的小车是不错的办法。

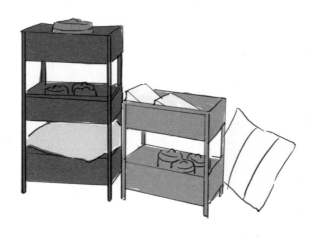

厨　房

收纳工具：大大的盆和收纳工具。

收纳建议：厨房收纳不要太过认真，分类和干净是收纳的重点。

客　厅

收纳工具：棉质类的收纳器具。

收纳建议：因为居家环境较为温暖，建议收纳上多利用搁板、横杆等横向空间，增加储物空间。

洗手间

收纳工具：托盘式的收纳工具。

收纳建议：因为不喜欢收拾小物件但又想时常看见，把小物件放进托盘比较理想。

7 狮子座——巴洛克风格

狮子座：7 月 23 日 ~ 8 月 22 日

性格特质：追求气派华丽，优先自我感受

性格颜色：金黄色

幸运颜色：白色或黑色

奇特、华丽、充满激情的居家布置能满足狮子宝宝"天下第一"的唯我独尊。

收纳建议：居家整理会不耐烦，所以喜欢号召家人整理并提出很多意见，建议狮子宝宝多与家人一起进行物品的整理，有助加深感情。

PS：土豪，控制自己总爱花大钱的欲望啊！

玄 关

        收纳工具：有金属感又很华丽的抽屉柜子。

        收纳建议：把零零碎碎的物品都放进抽屉里吧。

厨 房

收纳工具：不锈钢盘类、镶有金边的收纳器物。

收纳建议：因为不喜欢动手但又喜欢买，强调艳丽，建议厨房不要有太多的装饰品，以防家人还原不了。

客 厅

     收纳工具：有个性且色彩丰富的收纳器具。

     收纳建议：把各种零食、小物品放进不同材质的收纳

盒里，会令狮子宝宝赏心悦目。

洗手间

     收纳工具：亚克力的收纳盒。

     收纳建议：把好看的化妆用品装

进亚克力的收纳盒。

8 处女座——日式风格

处女座：8 月 23 日～ 9 月 22 日
性格特质：挑剔、完美主义
性格颜色：深蓝色
幸运颜色：红色、奶油色或金黄色

处女宝宝最擅长整理，总是希望家中环境整洁，物品摆放得超有规律。

收纳建议： 因为追求完美，每个角落都要收拾得一丝不苟。经常打破已经整理好的物品秩序，建议在使用过程中进行调整。

玄 关

收纳工具： 精致又很鲜艳的柜子。

收纳建议： 因为经常纠结展示还是藏起来，反复调整，最后变成不了了之，所以建议一鼓作气地完成。

厨 房

收纳工具： 小巧精致的有盖收纳盒或收纳篮。

收纳建议： 因为时常纠结小东西占空间，所以化零为整地放进有盖的收纳盒或篮子就好了。

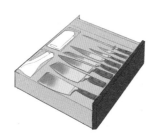

客 厅

收纳工具：简单、清爽又小巧的收纳盘。

收纳建议：把自己看着纠结的物品分类放进盒子里，会觉得很轻松。

洗手间

收纳工具：亚克力材质的收纳盒。

收纳建议：建议选择有多个功能的亚克力材质的收纳盒。

9 天秤座——自然风格

天秤座：9 月 23 日～ 10 月 22 日
性格特质：爱美、平易近人，重视生活中的和谐快乐
性格颜色：淡蓝或粉红色
幸运颜色：淡黄色、橙色

"回归自然"就是天秤宝宝中意的感觉，居住氛围一定要自然、朴素、优雅。

天秤宝宝会讲究每一处细节，不允许有丑的东西出现。

收纳建议：在乎优雅与品质，他虽会盲目地购买，但也会考虑物品在家中的用途，当整理发现这些物品占据太多空间后就会开始纠结，因此在收纳上建议当机立断。

玄 关

收纳工具：开放式、方方正正的收纳器具。

收纳建议：把收纳器具整齐地放进抽屉里，物品分门别类地放进去即可。

厨 房

收纳工具：开放式的收纳架。

收纳建议：当不知道该放在什么位置上的时候，就放在开放式的收纳架上。

客　厅

收纳工具：简单小巧、富有文艺特征的收纳盒。

收纳建议：喜欢随手乱放，导致很多物品随拿随丢，时刻记得放回去是保持理想环境的方法。

房　间

收纳工具：简单的布艺收纳筐。

收纳建议：不能做到循规蹈矩，但可以做到把物品丢进收纳筐里，给物品规划好收纳筐是不错的收纳办法。

洗手间

收纳工具：有质感的塑料收纳盒。

收纳建议：喜欢把物品统统放进收纳盒，但一定要做好分类。

10 天蝎座——哥特风格

天蝎座：10 月 23 日 ~ 11 月 21 日
性格特质：神秘性感，直觉准确，爱憎分明
性格颜色：紫色或黑色
幸运颜色：红绿色、黄色或粉色

鲜艳的用色体现出了天蝎宝宝的激情，但这些色彩不是调皮可爱的，而是带着一丝性感，将现代和古典完美地组合起来。

　　收纳建议：让人捉摸不透的天蝎宝宝一直保留着神秘感，会把重要的东西全部收纳得很隐蔽。所以看似普通的房子，可以发现不少小秘密。

玄　关

　　收纳工具：封闭式的收纳柜。

　　收纳建议：把物品分门别类地放进抽屉即可。

厨　房

　　收纳工具：有门的柜子。

　　收纳建议：把物品放进柜子里时要做好标识，不然会找不到。

客　厅

收纳工具：竹艺的收纳筐。

收纳建议：建议开放式地收纳一些经常用的物品。

房　间

收纳工具：五斗柜。

收纳建议：把物品都放进五斗柜会让天蝎宝宝觉得安全。

洗手间

收纳工具：有质感的带盖塑料收纳盒。

收纳建议：把物品分类放进收纳盒里。

11 射手座——混合型风格

射手座：11 月 22 日～ 12 月 21 日
性格特质：不受约束、向往自由
性格颜色：宝蓝或黄色
幸运颜色：红色系或金黄色

射手宝宝喜欢混搭，偏爱将古典与新潮融为一体的生活感觉开放式、宽敞的空间和明亮的自然光是射手宝宝的挚爱。

收纳建议：做事神经大条，耐心少了一点点，有人陪着整理效果会事半功倍哦。要记得做好物品的标识，不然很快就会忘记东西放在了哪里。

玄　关

收纳工具：一个个的独立鞋盒。

收纳建议：懒人做法，放进去就好，但还是要美观。

厨　房

收纳工具：厨房推车。

收纳建议：把快要到保质期的物品放在眼前，放弃不用的物品。

房　间

收纳工具：收纳袋。

收纳建议：把一些不重要的物品放进大袋子里。

洗手间

收纳工具：架子。

收纳建议：把物品归置在架子上，比摊在洗漱台旁边会让射手宝宝更轻松一点。

12 摩羯座——古埃及风格

摩羯座：12 月 22 日～ 1 月 19 日

性格特质：稳重、冷静、坚持

性格颜色：深灰、暗绿或咖啡色

幸运颜色：粉红色

摩羯宝宝脚踏实地、守旧，不喜欢家中出现太多颜色，沉稳、冷静的色调以及稳重的居家装饰才会让摩羯宝宝觉得安心、舒适。

收纳建议：摩羯宝宝喜欢用木制或竹艺的收纳盒，认为实用是第一要素，整理时建议增加色彩的调和，也不用固守一种收纳方式。

玄　关

　　收纳工具：深色系的收纳器具，如黑桃木或鸡翅木。

　　收纳建议：循规蹈矩的同时可以增加收纳工具的色彩，让空间灵动又方便识别。

厨　房

　　收纳工具：方正的塑料收纳筐。

　　收纳建议：按照类型摆放，不要把厨房变成战场。

房　间

收纳工具：有盖的收纳盒。

收纳建议：摩羯宝宝喜欢一成不变的生活方式，建议换一换收纳位置，也是很好的开始。

洗手间

收纳工具：挂壁式的收纳器具。

收纳建议：既然希望空间更多，就增加纵向空间的利用，让空间更美好。

这么收, 纳么美

SMART STORAGE

图书在版编目（CIP）数据

这么收，纳么美 / 辜井著. —南京：江苏凤凰文
艺出版社，2020.1
ISBN 978-7-5594-3584-2

Ⅰ.①这… Ⅱ.①辜… Ⅲ.①家庭生活—基本知识
Ⅳ.①TS976.3

中国版本图书馆CIP数据核字（2019）第071900号

书　　　　名	这么收，纳么美
著　　　者	辜　井
责 任 编 辑	孙金荣
特 约 编 辑	仰　洁
责 任 校 对	张婉宜
出 版 统 筹	孙小野
出 版 发 行	江苏凤凰文艺出版社
出版社地址	南京市中央路165号，邮编：210009
出版社网址	http://www.jswenyi.com
印　　　刷	雅迪云印（天津）科技有限公司
开　　　本	880毫米×1230毫米　1/32
印　　　张	6
字　　　数	80千字
版　　　次	2020年1月第1版　2020年1月第1次印刷
标 准 书 号	ISBN 978-7-5594-3584-2
定　　　价	42.00元

（江苏凤凰文艺版图书凡印刷、装订错误可随时向承印厂调换）